U0345950

不可不学的高效整理术

的 高效 整理术

金圣荣◎著

会整理，你就是特别厉害、特别能干的人

立信会计出版社

图书在版编目（CIP）数据

不可不学的高效整理术/金圣荣著.--上海：立
信会计出版社，2017.1

（去梯言）

ISBN 978-7-5429-5274-5

Ⅰ.①不… Ⅱ.①金… Ⅲ.①家庭生活－基本知识

Ⅳ.①TS976.3

中国版本图书馆CIP数据核字(2016)第275156号

策划编辑　蔡伟莉
责任编辑　蔡伟莉
封面设计　久品轩

不可不学的高效整理术
BUKEBUXUE DE GAOXIAO ZHENGLISHU

出版发行	立信会计出版社

地　　址	上海市中山西路2230号	邮政编码	200235
电　　话	（021）64411389	传　　真	（021）64411325
网　　址	www.lixinaph.com	电子邮箱	lxaph@sh163.net
网上书店	www.shlx.net	电　　话	（021）64411071
经　　销	各地新华书店		

印　　刷	固安县保利达印务有限公司		
开　　本	720毫米×1000毫米	1/16	
印　　张	14.5	插　　页	1
字　　数	163千字		
版　　次	2017年1月第1版		
印　　次	2017年11月第2次		
书　　号	ISBN 978-7-5429-5274-5/TS		
定　　价	36.00元		

如有印订差错，请与本社联系调换

前言
preface

在工作和生活中，我们常常会遇到这样的困扰：

工作内容太繁杂，大脑仿佛被塞进了糨糊，乱作一团且无法动弹。虽然有事先做好各种工作计划，可计划总是赶不上变化，虽然花费了不少时间和精力，但是做出的计划书最终只能沦为一张废纸被扔在某个角落。

无论家里还是办公室，桌面上总是乱成一团，让人无法在关键时刻找到想要的东西，常常因此将自己弄得疲惫不堪，最后徒劳无获，还给自己平添许多烦恼和不快，令人沮丧不已。

深受这些问题困扰的人也许曾想过好好将自己的生活和工作整理一番，最后却多半因为"麻烦""没时间""不知从何下手"等一系列原因一拖再拖，以致问题始终无法得到解决。

若将人生比作一次远程自驾旅行，不懂得整理术的人通常会将自己所有想带的东西一股脑儿全装上车。试想一下，这会造成什么样的后果呢？也许这将导致车里的大部分空间被行李塞满，不仅坐在车里的人会觉得异常拥挤，备受约束，而且由于车内行李过多遮挡住车窗玻璃，使得驾驶员不但无法欣赏沿途的风景，还有可能因为视线受阻而发生交通事故。若遇上崎岖的山路或者较陡的上坡路，更有可能因为车内负荷太重而动力不足，导致车辆无法前行。这时，人们就不得不选择抛弃一些行李，可由于不懂得整理术，无法有效地给自己的行李分类，在选择抛弃的行李时，人们将很有可能把旅途上必需的物品扔下，如此恶性循环，以致整个旅途麻烦不断……

若一个人每天都被各种杂乱的物品环绕着，整个人的精神状态将会变得烦躁，效率也将变得低下，因为他每天都需要花费大量的时间来找自己需要的东西，或者为自己杂乱无章的工作收拾残局。长此以往，工作和生活都将变得无序而繁忙，深处其中的人也将渐渐被磨得失去激情和信心，无论对工作还是对生活都变得漫不经心、无所谓起来，在这种糟糕的状态下若想改变自己的财运、获得财富无疑是一番空谈。这样的生存状态就像一辆负荷过重的汽车，即使司机猛地踩死了油门，发动机也只是呼呼地喘着粗气，车子的行驶速度并未加快多少，目的地也依然遥不可及，于是这辆车只能疲惫地在看不到希望的路上苦苦前行。人也是如此，缺乏必备的整理术，就连基本的前进都成问题，更不必谈走得比他人远，获得他人不曾有的财运。

备受这些问题困扰却不甘受困，期望改变自己财运的人此时正需要整理术来帮助他们。所谓整理术，指的就是一种不需要依靠突出的能力和顽强的意志力，同时也不需要具备高学历或者超强的记忆力，只需要按照一定的规则理顺、整合自己过去的经验和经历的处事方法，是一种每个人只要想做就能做到并且通过这种方法能大大提高自己工作和生活效率的方法。人们若能运用这样的整理术整理好自己的过去，就能够有效地改变自己的当下，并顺利地开拓自己的未来，让自己的人生按照脑海中的蓝图一一实现。

一分钟高效整理术能让人们轻松改变自己的财运，实现自己的理想人生，它是人们步入成功殿堂一条触手可及的捷径。

仔细观察，人们不难发现，那些只用了最小的努力却获得了最大的成果的成功人士往往正是懂得巩固总结并进行"规划设计"，即"整理"的人们，他们按事先计划，顺利完成了自己的工作，获得了令人艳羡的成果，其实，他们只是将整理术运用到了工作中，这些成果都可归功于整理术。一分钟整理术的运用也不仅仅适用于工作领域，生活、财富、时间等方面都可以是整理术的用武之地。一个人若能熟练准确地运用整理术，将减少大量时间、精力等相关资源的浪费，能更有效率地开展自己的工作和生活，改善自己的财运，得到自己想要的一切。

在工作中，懂得灵活运用整理术的人可以更好地安排自己的各项工作，清晰地梳理自己的思路，分清事情的轻重缓急，工作效率高、速度快、质量高，由此也将更容易被上司赏识，获得比他人更多的晋升机会，个人财运的改善也就水到渠成了。

善于运用整理术的人懂得妥善经营自己身边的各种事物，在有限的时间内迅速而有序地接纳各种机遇和事物，然后对这些机遇和事物加以巧妙地利用和经营，再接受新的事物和信息。良好的整理习惯将伴随着他们整理工作和生活，始终保持着一种高效、井井有条的状态。

如此有效且运用广泛的整理术是否必然高深不可捉摸且非一般人能学会呢？其实不然。《不可不学的高效整理术》介绍的整理术不需要运用者具备卓越的个人能力或者其他坚忍不拔的品质，只需要在学习具体的整理术之后每天坚持一分钟，持之以恒地将这种高效的为人方法以及处事态度渐渐变成习惯，久而久之便可彻底纳为己用，按个人的意志轻松改变自己的财运。

本书以流畅的语言、强有力的实例从以下几个角度为读者介绍各个层面的整理术，以期读者能从中获得自己想要的整理方法。

目标整理：财运只会和有目标的人形影不离；

时间整理：浪费时间就意味着将财运推下"悬崖"；

思维整理：换一支笔可以瞬间改写财运"轨迹"；

信息整理：一分钟改变财运要用好"外脑"；

人脉整理：拓展人脉是瞬间改变财运的"快捷方式"；

行动整理：一分钟的行动让财富不再和你"捉迷藏"；

工具整理：正确的理财工具是收纳财富的"钱匣子"；

情绪整理：修身养性才是改变财运的"软实力"；

心态整理：没有改变不了的财运，只有调整不好的心态；

物品整理：东西越少，利用率越高；

工作整理：给你的工作事项排出优先顺序。

相信那些正被各种烦恼和困难压得喘不过气来的读者在阅读此书后定能找到适合自己的整理术，进而高效地完成自己的工作，积极、有序地生活。

书中难免有错谬之处，敬请批评指正。

目录
contents

第一章

整理术

瞬间改变命运的神奇必修课

每个人都渴望财运滚滚，成为富翁。然而，很多人勤勤恳恳工作，却仍达不到理想的收入水平。人们因而感慨："赚钱真不容易！"有些人，虽心有不甘，但多次尝试失败之后，终于还是认命了；有些人眼见别人做老板发了大财，看似简单，于是积极效仿，但仍以失败告终。

这些人之所以财运不济，就是因为他们不懂得整理，不懂得运用正确的理财工具和方法。要知道，方法与财运是孪生兄弟，选错了方法就会招致巨大的损失。

财运，并不是上天注定的，也不是一成不变的，而是可以改变的！

掌握了一分钟整理术，可以提高人们的工作效率、有效拓展人脉、正确选择理财方法，财运也会瞬间改变！

1

财富与方法是孪生兄弟，选错方法就会损失收益

看到电视上那么多的人成了百万富翁乃至千万富翁，发财似乎并不难，可是为什么我们依然很穷？很多人认为，富人之所以是富人，也许是因为他们生于富贵之家，他们天赋异禀，有幸运之神护卫着以至于创业成功，又或者刻苦肯干终成大器。然而，家世、天才、幸运、努力等诸如此类的词语并不足以解释富人致富的原因。在我们周围也有很多的富人，他们并没有显赫的家世，也并非聪明绝顶，甚至一些人未曾受过高等教育。那么究竟是什么让人和人之间产生如此大的差距呢？理财就是原因之一，也是那些富人发财致富的重要方法之一。

古人云："工欲善其事，必先利其器。"就是说，做任何事情都应当有合适的方法和技巧，选对了方法与技巧，才能达到事半功倍的效果。致富也是如此，准确的方法通常能够引领人们快速地通往致富之路。比如，投资理财的时候，不管是哪一种投资理财工具，其目的都是为了赚更多的钱，获得保值升值的效果。

随着当今社会经济的发展，人们手中的闲散资金逐渐增多，怎样理财就显得越来越重要。然而，很多人并不知道哪些合适的方法和技巧能让自

己的资产得到保值和增值，只是简单地认为理财就是存钱。当然，存钱是一种理财方式，但理财并不仅仅是储蓄，只是一味地存钱，而不知道将钱拿去投资，往往会浪费很多资源。当然，方法和技巧的选择还是应当根据自己的实际情况而决定，如下面这个故事，三个仆人的结局不大同。

有一个大地主，非常富有，方圆千里声名显赫。

一天，他想："我的钱这么多，十辈子都花不完，倒不如分发给我的仆人，让他们去创造生活吧。"于是，他将跟随了他大半辈子的最忠诚的三个仆人叫来。第一个仆人是跟随他最久、最忠诚的，甚至还救过他儿子的性命。于是，大地主给了他五袋金子。第二个仆人也跟随了他很久，也非常忠诚，虽然对他以及家人没有救命之恩，但是这个仆人愿意为他做任何事情。于是，大地主也给了他三袋金子。第三个仆人虽然没有前面两个人跟随的时间久，却也一直忠心耿耿。于是，地主给了他两袋金子。第一个仆人很有经济头脑，他用这五袋金子去做了许多投资，渐渐扩大自己的财富；第二个仆人非常精明，他很向往大地主现在的生活——干什么都有人照顾、人人都尊敬他，于是，他积极地进行市场调查，然后用金子买了很多仪器设备以及原料，开始自己办工厂做老板，生产商品出售；第三个仆人认为，大地主把钱给他们就是为了让他们看好钱财，所以为了以防止丢失，于是他把这些金子偷偷地埋在了一个洞里。

一年很快就过去了，第一个仆人做的投资虽然有输有赢，但最终还是发了大财，资产数量几乎与大地主持平；第二个仆人的工厂虽然刚刚起步，却也因为生产的商品非常符合时下的潮流而小赚了一笔，资产几乎翻了一倍；第三个仆人的金子依然只有两袋，生活也过得很艰辛。

大地主看到这些，很为第一、第二个仆人感到高兴，唯独对第三个仆人感到很失望。

大地主对第三个仆人说："我当初之所以要给你们金子，就是希望你们改善自己的生活。你们是我最好的仆人，我现在很有钱了，我也希望你们能够富裕，过上幸福的生活。他们两个很会运用钱财，懂得生财之道，用我给的金子发了大财。而你呢，却不懂得这个道理，把钱财埋了起来，这样有什么作用呢？"

这虽然只是一个寓言，却非常贴切地说明了一个问题：钱财，仅仅储存起来是不能发财的，储存只会浪费资源！

财运和理财是孪生兄弟，有很多人因为理财方法得当而致富，同时也有很多人因为选错理财方法而损失惨重。事实表明，财富始终聚集在少数人手里，这或许与每个人的理财方法有关。调查显示，当人们谈到理财时，大部分人的第一反应就是自己没财可理，刚踏入社会的应届毕业生尤其如此。只是这些人真的没财可理吗？还是他们没有掌握正确的理财方法呢？

美国富豪威尔逊在创业初期全部财产只有一台廉价的爆米花机，而且这台机器还是分期付款购买的。一战期间，威尔逊依靠这台机器赚了一些钱，但是他并没有像身边的人一样将这些钱存入银行，而是决定将这笔钱作为自己进入房地产行业的敲门砖。

当时，一战刚刚结束，受到战争的影响，很多人生活困难，根本没有多余的钱来购买地皮、修建厂房和商场，投资房地产事业的人也少之又少，因此当时地皮价格一度很低，这也是威尔逊决心投资房地产事业的一个原因。但是，周围的人听说威尔逊要投资房地产，都认为不会赚钱，无异于将自己的钱打水漂，还不如存起来好，于是很多人劝阻威尔逊，劝他将自己辛辛苦苦挣的钱存起来，做一些踏实一点的工作。只是，威尔逊并没有听这些人的劝阻，因为他知道，将钱存在银行里虽然不会消失，但是也不会增值，而且他坚持认为战后国内的房地产事业一定会迅速崛起，自己将钱投资到房地产事业是一种正确的理财方法。

于是，威尔逊除了拿出自己全部的财产，还向银行贷款，最终低价在郊区买了一块很大的地皮。但是，与周围其他地皮相比，威尔逊买的这块地皮不仅地势低洼容易积水，而且荒草丛生，似乎既不能盖厂房也不能用来种植庄稼，可是，威尔逊看过一次后就心动了。尽管这次连自己的母亲和妻子都不赞同，威尔孙却并不认为这是一笔赔本的买卖，并为自己当初正确的理财感到欣喜不已。

事实证明确实如此，随着二战的结束，美国的经济也逐渐复苏并日益繁荣昌盛，随着经济的发展，城市人口逐渐增加，对土地的需求与日俱增，于是，城市一步步向边缘的郊区扩张，马路也逐渐修到了威尔逊购买的那片土地上。这时，人们才发现，这片土地周围的风景实在是太迷人了，于是吸引了众多商家的兴趣，甚至有人想要出高价购买这片土地。

这时候，威尔逊周围的人都劝说他将这片土地出手大赚一笔，甚至连威尔逊的妻子和母亲也这样劝说他。但是，威尔逊并没有这样做，他盘算着这片土地既然风景如此优美，那么一定会有很多远方的游客慕名而来，自己何不在这里开一家旅店，这岂不是比卖了这片土地更加赚钱。可是，威尔逊此时手头并不宽裕，于是他再次向银行贷款，开了一家名为"假日客栈"的汽车旅馆。由于这片土地风景优美，而且交通便利，他的这家旅馆开张后获得了很大的利润。

威尔逊正确的理财方法让他获得了成功，并最终为他聚集了大量的钱财。

从这个故事中，每个人都可以看出财运和理财是一对孪生兄弟，只要具备了正确理财的头脑和思维，那么财运就自然会迎面而来。懂得理财的人通常比其他人看得更远，也更会准备，在关键的时刻能够做出正确的判断和决策，不被眼前的暂时利益蒙蔽自己的双眼，而是将目光放到光明的未来。

2

财富不是命中注定，而是后天整理而来

很多人总是抱怨说："有钱人才有资格谈理财。""理财？等有钱了再说。"而事实真是这样的吗？下面的故事告诉我们并非如此。

比尔和托尼是很好的朋友，同时也是同班同学，非常巧合的是他们毕业后来到了同一家公司上班。由于所学专业相同，因此他们在公司的职位也相似。比尔和托尼之所以会成为朋友，原因就在于他们性格上具有相似点——很节俭，也很努力。然而在理财观念上，两人则各有不同：比尔倾向于做投资，他认为投资能赚大钱；而托尼认为投资风险太大，很有可能血本无归，于是他把每月的工资都存进银行。

30年后，比尔成了百万富翁中的一员，而托尼的存款却依然停留在几万块，仅仅能解决温饱而已。

面对如此大的差异，托尼很不解：他和比尔一样，在同一家公司工作，相似的职位，拿着一样的工资，为什么比尔能够成为富翁，而自己依然贫穷？

于是，托尼找到比尔，向他询问寻找的诀窍。他问比尔："比尔，我们的差距为什么会这么大？难道你是命中注定有这么好的财运吗？"

比尔回答说："你是了解我的，我哪里有什么天生的财运？我之所以有现在的身家，全归功于这些年来我投资股票的回报。财运不是天生的，是要我们精心整理的。"

正如比尔所说，财运不是命中注定，而是后天整理出来的！很多人认为，富人之所以富，如果不是生于富贵之家，那一定是运气好，命中注定的。但是他们忽略了理财的重要性，正确理财，可以帮助人们致富，可以带给人们财运。

纵观古今中外的诸多富翁，可以发现很多人都是白手起家，他们并非天赋异秉，也不是命中注定有许多的财运，更多的是靠他们后天自身的理财努力。

华人富豪李嘉诚的故事告诉我们，财运是靠后天整理而来的。

华人富豪李嘉诚，早年丧父，为了生计他被迫辍学，曾在钟表店做过修理工，在茶楼当过服务员。1950年，已经是一个玩具公司总经理的他，毅然辞掉总经理的职位，用7 000美元成立长江塑胶厂，并于1958年捞得人生第一桶金。

事业虽有小成，但毕竟还是刚刚起步，李嘉诚并没有像一些暴发户那样停滞不前，他深知理财与团队的重要性，知道该花的必须花，所以工厂一旦盈利，李嘉诚就会拿出一部分资金来改善工人的伙食与工作条件，让他们放松身心，这样既稳定了员工，也为自己带来了巨大的财运。

但是李嘉诚并不满足于塑胶厂的财富，随后转型投资房地产，于1971年成立长江实业，次年开始发行股票。财富不断积累之后，李嘉诚还不忘投资，20世纪70年代就将希尔顿酒店收购，扩大产业版图。

李嘉诚生于患难家庭，致富之路充满坎坷。白手起家，一跃成为华人首富，这与他的理财能力是分不开的。通过李嘉诚的发家之路，可以看出，财运并不是命中注定的，而是通过努力后天整理而来的。

理财成功者总是从自己的收入中取出一部分，将它投放到可能增值的地方，朝着既定的目标去实施，然后制定下一个投资理财计划。而理财失败者不知道为长远打算，只是将钱财安排在看不到丝毫长远价值的事情上，不懂得理财让他们离财运越来越远。

约翰·哈维，1999 年去世的英国第七代布里斯托伯爵，被认为是英国最著名的败家子。在他生前，他的家族为他留下的资产至少有数千万英镑，而当哈维去世之后，他留下的资产仅剩 5 000 英镑。

其实，哈维也曾投资过石油、地产等行业，但是他并不善于理财，他的支出远远大于他的收益。哈维喜欢吸食毒品，为此他还进过两次监狱。哈维还喜欢享受生活，经常和朋友一起举办豪华舞会，其奢华程度一般人难以想象。此外，躺在游轮里享受漫漫长假也是他经常爱做的事。另外，他还有一个爱好就是收藏各种经典跑车，以便在自己的庄园里驾驶。哈维理财能力极差，他并不知道自己花钱速度有多快，赶不上赚钱的速度，以至于因为无力维护经营哈维家族世代居住的庄园——方圆四千英亩的伊科沃斯庄园，使庄园变成了国家资产，隶属于英国历史文化遗产基金会。

哈维生于富贵之家，在常人眼里应该是个命中注定财运极佳的人，然而，他却几乎败光了家族留下的所有钱财。

财运不是命中注定的，是要人们精心整理才能得到的。正确的理财方法，在带给人们巨大财富的同时，也能够给人们带来滚滚的财运。

首先，正确的理财方法可以调节收支。现在很多工薪阶层的人被称为"月光族"，他们每月的收入和支出几乎持平，赤手来，空手去，甚至还有人入不敷出。

在人生的各阶段，都会需要支出大笔的钱财，诸如教育、购房等。正确的理财方法能够有效地调节收支，在满足自己花销的同时还可以让钱生钱，以防止钱到用时方恨少。

其次，正确的理财方法能够为生活减压。巧用、善用理财方法，能够有效地缓解生活中的各种经济压力，不断提高自己的生活质量。对于"月光族"而言，更应该增强理财意识。理财并不是富人的事情，穷人更应该善于理财。

再次，正确的理财可以推动财富增长。不同的理财观念对财富的增长会产生不同的效果。有的人善于把钱拿去投资，于是推动了财富的增长；有的人仅仅是把钱存在了银行，意图通过积累来增长财富，其结果却并不理想。因此，正确的理财方法对于积累财富，推动财富增长相当重要。

最后，正确的理财可以避免风险。对于理财，切勿跟风，一定要有自己的规划。有些人盲目听从别人的意见，投资房地产，结果负债累累；有些人看到炒股利润丰厚，于是盲目跟风，输得一败涂地。这些人都没有理智地理财，缺乏正确的理财方法盲目跟风。正确理财往往需要高瞻远瞩，把握好事物的发展趋势，根据过往和当前的形势正确预测发展方向。不仅如此，正确理财还需要根据自己的实际情况和能力而定。

然而，人们也应该知道，理财是长久的事情，如果谁想一蹴而就，一次投资就带来巨大的财富，那他就永远只能是个穷人。李嘉诚曾说："理财要具有足够的耐心。在短时间内，理财是看不出效果的，一个人想在短时间内利用理财而快速致富，那是不现实的。投资是一项长期的工作，甚至需要一辈子来完成。理财需要一份坚持，不是冲动。"

　　具备了出色的理财能力，再加上这一份坚持，财富就会源源不断地朝你走来！

3

整理术的神奇之处

人为财死，鸟为食亡。作为一个普通人，渴望获得更多的财富，过上更好的生活这并没有错。特别是在现在这个社会里，财富显得更加重要。其实，只要方法得当，掌握财运，那么人人都有可能发财。然而，并不是每个人都懂得这个道理。

人们总能看到这样的人，不管在生活上还是在工作中，他们总是井井有条，按部就班地完成每一件事，不仅保证质量而且效率极高。其实，人的精力和时间都是相当有限的，给自己制定一份顺序表，将重要的或者对于实现目标有帮助的事情放在前面，整理好工作的顺序。这种好习惯，会助于你做每一件事上都更接近成功，获得财运。

有一家美国跨国公司的老总慕名前去拜访卡耐基，想要向他学习一些获得成功的方法，来到卡耐基的办公室后，这位老总细心地发现，卡耐基的办公室异常整齐而且干净，没有一丝杂乱，老总感到很惊讶，于是忍不住问道："卡耐基先生，我听说您每天都有很多信件需要处理，但是您将那些信件放在哪里了呢？"

卡耐基回答道："那些信件都被我处理完了。"

这位老总又问道："那您今天应该还有很多没干的事情吧，那些事情都交给谁了呢？"

卡耐基微笑着回答道："我并没有将事情推给任何人，而是自己处理完了所有的事情。"

这位老总感到很诧异，问道："可是您是怎么做到在短时间内迅速处理完所有事情的呢？"

看出了这位来访者心中的困惑，卡耐基解释道："这很简单，我知道自己每天都需要处理很多事情，但是毕竟自己的精力是有限的，不可能同时完成两件事情，于是，我将自己的工作进行分类整理，并且按照这些事情的重要程度来合理排序，先将重要的事情处理完，然后再接着处理其他的事情，经过这样的整理，效率自然也就提高了。"

这位老总这时才恍然大悟，向卡耐基道谢后告辞出来。

一段时间后，这位老总向卡耐基发出了邀请函，邀请卡耐基参观他的办公室，在聊天的时候，他感激地对卡耐基说道："卡耐基先生，非常感谢您向我传授了那一套处理事务的方法，以前，我的办公室里到处都是要处理的文件，每次走进办公室我都会感觉恐慌和压抑，而且经常忘记一些需要立即处理的事情，自从用了您教的那套方法后，处理事情顺利多了，也不会再弄错轻重缓急，应对客户时也更加游刃有余了。"

这位老总运用了整理术后，找到了处理事务的正确方法，几年的时间，他就将自己的公司扩大了数倍，而且还涉及了其他领域，身家数亿，最终成功地跻身到了美国富豪之列。

在工作中，良好的整理术能够让你有条不紊地进行自己的工作，将每天的时间安排好，这往往是成功的关键，按照事情的轻重缓急，为自己制定一份具体可行的工作计划，能够大大缩减一个人每天用来思考下一步该做什么事情的时间，提高自己的办事效率。现代社会，生活和工作节奏加快，时间就是金钱，提高了办事效率，自然就轻松改变了自己的财运，财源也就滚滚而来。

在现在这个快节奏的社会里，每个人每天都有大量的事情需要处理，这时效率就显得尤为重要。为了完成工作，很多人都是采用临时抱佛脚的方法做事，不预先作计划，提前整理好各项工作的行事方法更是将财运扼杀在了摇篮里。

顾兰是凯兰广告传播有限公司的一名文秘，她每天都有大量的工作要处理。比如，她需要帮领导写发言稿、处理各种信息、收发文件等，每天都忙得焦头烂额。用她自己的话形容就是，每天早上来到公司就像掉在了沼泽地里面，越动陷得越深，越做事情越多，根本看不到头。虽然这样说，可是顾兰的工作还是非常勤恳的，否则公司也不会将她列为秘书长候选人之一。

顾兰为此还是挺满意的，觉得自己虽然忙了点，可是毕竟有回报。然而，现实总是事与愿违。这天，秘书长的选拔结果出来了，自己落选了，当选的是另一位不怎么起眼的同事黄春。在顾兰看来，黄春并不出色，因为自己每天忙得昏天黑地，而黄春似乎非常清闲，很少看到她忙碌的身影。这让顾兰非常好奇。于是，她暗地里对黄春进行了观察，一段时间后，顾兰发现，这个黄春做事果然有一套！黄春现在担任秘书长，要做的事情比自己多得多，可是黄春却有条不紊，效率非常高，似乎很多事情都在她的意料之中。而且黄春的办公桌非常整洁，不像自己的乱糟糟。黄春还非常善于处理人际关系，她虽然不可能认识公司里的每一个人，但亲疏有间，对每个人都很亲切。这些让顾兰非常佩服。

其实黄春所运用的正是工作整理术。黄春将自己的工作分出了优先顺序，善于从重点工作着手，提高了自己的工作效率。运用整理术，黄春不但将工作安排得有条不紊，而且为此还改变了自己的命运（也即财运），当上了秘书长。

整理术的神奇之处就在于它能改变人的财运，让财富滚滚而来。

运用整理术整理自己的工作，为工作分出优先顺序，可以提高工作效率，节省更多的时间，利用空余的时间做更多的事情，拓宽自己的财路。

同时，运用整理术整理自己的心态和思维，可以使自己更加积极乐观，使自己对机会更加敏锐，在机会来临之际准确快捷地抓住它，打开致富之门。

最后，运用整理术整理自己的理财工具，选对理财方法，让自己的钱财在运动中产生增长，财源滚滚而来。

第二章

目标整理

财富只会和有目标的人
形影不离

生活中有太多的人总是怀着羡慕、嫉妒的眼光去看待那些获得财运的人，认为别人取得成功是有外力帮助的，抱怨为什么财富总是与自己无缘，却不明白与财富成为"红颜知己"最主要的因素之一就是要明确自身的目标。

法国作家罗曼·罗兰曾经说过："一种理想就是一种力量"。没有目标的人生活将会像汽车没有汽油一样，停止前进，人体的所有功能都将停止运转。目标指的并不是一种忙碌的生活状态，休息并不一定就是没有目标。那些看起来整天忙碌的人并不一定有目标，他们可能是在用忙碌来掩盖自身的空虚。怎样使自己成为一个有目标的人，使休息和忙碌都不会携带着迷茫？

每一个人做事都需要一个明确的目标，只有有了明确的目标，才能找到自己生存的价值和为实现梦想的原动力。想要打开自身的财富之门，改变自身的财运，就需要清晰地为自己订立一个目标，为今后的人生描绘一幅财富蓝图。并在确定目标之后每天拿出一分钟的时间整理和分析自己的目标，在实现目标的过程中找寻自己的快乐。

这时，不仅财富之门正向您缓缓打开，人生中也会充满欢喜，在奋斗的同时也不会缺乏乐趣，以兴致盎然的心态推开财运大门。

1
有什么样的目标就有什么样的财运

目标是万事付诸行动的前提，没有目标的人往往不知道在自己的人生路上如何前行，在生活中总是摇摆不定。有人说我当然知道自己想要的是什么，我求的就是金钱，如果你现在仍然抱有这种想法，那么你的人生将会出现很大的问题。目标是致富的推动力，而徒有目标的人又往往会茫然地不知道自己应该通过怎样的手段去致富，只是凭空地幻想，没有具体的方式和方法。因此，给自己制定一个目标方向，是改变自身财富的第一步，也是最关键的一步。

目标的重要性在人生道路上的作用不言而喻，《西游记》中唐僧西天取经的故事在中国几乎是家喻户晓的，主人公唐僧、孙悟空、猪八戒和沙僧，徒弟三人护送师傅唐僧去西天取经。在保护唐僧西天取经的路上，孙悟空能够七十二变，降妖除魔降服鬼怪；猪八戒虽然好吃懒做，但是在唐僧有危险的时候也能够帮助孙悟空，助猴哥一臂之力；沙僧一路任劳任怨，把大家的行李挑到了西天；只是唐僧好像什么事情都不用干，一路上不仅有马骑，饿了还有孙悟空去远方化缘。但是，在孙悟空赌气飞回花果山，猪八戒看见猴哥跑了天天惦记着回高老庄，沙僧也犹豫不决的时候，只有唐僧坚信自己一定要到达西天，求取真经以普度众生。唐僧心里知道自己想要的是什么，知道自己的行动是为了什么，并且有一个明确的方向引领着他前进。这就是唐僧师徒四人能够历经九九八十一难到达西天最重要的推动力。如果唐僧没有自己的目标，没有明确自己的方向，是不可能在历经了诸多磨难后仍坚持不懈的。每个人都坐过出租车，相信在坐出租车的时候如果出租车师傅问你去哪里，回答是随便去哪里，那么就算车技再高超的司机也不可能将你带往理想中的目的地。

爱因斯坦一生所取得的成就，是被世界公认的。他被誉为二十世纪最伟大的科学家。爱因斯坦曾经说过，成功＝明确的目标＋不懈的努力＋科学的方法。爱因斯坦能够取得让世界都震惊的成就和他一生的目标是密不可分的。爱因斯坦出生在德国一个贫苦的犹太家庭，家中的经济条件不是很好，他小学、中学的成绩也一般，但他有自知之明，知道自己只有在物理和数学方面确立目标才能在科学领域达成自己想要的成就。因此，他在读大学时很明智地选择了瑞士苏黎世联邦理工学院物理学专业。正是由于爱因斯坦将进行科学研究选定为自己的目标，因此使有限的精力得到了充分的利用。为了阐述相对论，他专门学习了非欧几何知识，这种定向选择方法使他的理论工作得以顺利进行和圆满完成。试想，如果爱因斯坦没有将创建相对论选定为自己的目标，就不会刚好在那个时候学习非欧几何学；如果那时他漫无目的地摄取几何知识，相对论的形成可能还要晚几十年。可见，设立自己的目标，并且对已经确立的目标矢志不移，自然能够走上成功的道路。

阿里巴巴创始人马云在创建出阿里巴巴的时候设定："让天下没有难

做的生意，解决千万人的就业问题"这个目标，建立起顶尖的团队。阿里巴巴的 18 壮士当时在网络界名满天下，是一支凹凸互补的顶尖团队。因为明确了自己的目标，这个团队才能够从 18 人的团队壮大成现在的世界知名企业。在阿里巴巴集团和杭州市政府主办的"第三届中国网商大会"上，马云在发言时声明："在人生的道路上一定要确立自己的目标，拥有怎样的目标，你就有可能成为一个怎样的人。"阿里巴巴名满世界之后并没有因为目标的实现而停止了自身的发展，在大会期间，马云当场抛出阿里巴巴要在五年内实现的三个目标：一是通过阿里巴巴为社会提供 100 万个就业岗位；二是为 1 000 万个中小型企业创造生存发展的机会；三是通过阿里巴巴带动关联产业增加 1 000 亿的附加产值。

马云之所以能够成功，正是因为他找到了自己的目标，成功需要一步一个台阶，通过每一个小目标的实现积累成大的目标。美国成功学家拿破仑·希尔曾说过一句名言："一切成就的起点就是渴望，一个人追求的目标越高，他的才能就会发展得越快"，希尔的话告诉人们，在所有的成功之前都必须先加上一个目标，当低于目标的现状变成一种追求的时候，就会发现所有的行动都会带领着自己朝着这个目标前进。马云的目标起初在别人眼中看起来是天方夜谭，但是他确实成功了。因此，勇敢地为自己确立目标，并为达成这个目标付出了自己的努力，自然而然地能够打开自身的财富之门。

可以说，确定目标是一种潜意识的强大能量。因为只有有了明确的目标之后，潜意识中才会产生推动力，在实践的过程中不断修正和瞄准，将人引向成功的道路。习惯性地设定自己的目标，将目标依次细分并坚持不懈地努力完成，是打开自身财运的基础和前提。

怎样的目标决定了能够成为一个怎样的人，成为怎样的人决定自身的财富指数，描绘好一个属于自己的财富蓝图，是创造财富、恩泽社会的重中之重。

在人生的路上确定自己的目标，企业在发展过程中确定企业的目标，是强化个人和企业的前提条件。目标的确定应呈现金字塔形，遵循由上而下与目标分解两个过程。首先在确定自身目标的过程中呈现由上而下的形式，只有在确定了自身的兴趣爱好和擅长的技能这个大前提下，才能够制定自己的目标。之后将目标分为多层次目标，比如想成为一个专业的计算机人员，首先要给自己确定这个大的目标，然后从计算机基础知识、硬件知识、软件知识逐层递进，在软件知识中又可以区分为程序员、系统分析师、专业软件系统程序师等。

正确的目标设定往往决定一个人拥有怎样的一生，目标确定后再选择可以达成这个目标的具体方式和工具。认清自身对财富值、婚姻值和快乐值中自己想要的比例成分，才能决定如何运用你创造的财富以及成就来造福社会大众，这样就能够确立一个良好的目标，有了这样一个目标，方可在潜意识中不断地突破自己。

2

从小目标开始描绘一幅财富蓝图

为什么要给自己制定一幅属于自己的财富蓝图呢？因为人类的生命是有限的，但是可以创造的价值却是无限的。倘使一个人在职场和生活中不能进行有效的规划，必然会造成生命和时间的浪费。《礼记·中庸》云："凡事预则立，不预则废"。可见，在做任何事情之前都需要有一个明确的目标和计划，否则不能获得良好的结果，财富人生也是如此。

剑桥大学曾经进行过一项跟踪调查，对象是一群智力、学历和所处条件差不多的学生。调查结果发现那些没有目标或者目标模糊的人生活并没有想象中那么如意。而那些有清晰长远目标的人，则更容易获得事业上的成功。他们之间的差别在于，有些人已经知道自己想要的是什么，有些人则对未来一片茫然，得过且过。

应该怎样做好自己财富人生的蓝图设计呢？根据成功人士的经验，确定自己的理财目标，也就是要有一个明确的愿景，即希望、向往自己愿意看到的财富人生前景是一个很重要的过程。在职场生活中刚刚出发的人首先就要确定自己的目标，因为工作是实现自己财富和其他目标的必经之路。

著名的美国伊利诺斯大学创始人——本·伊利诺斯，在他年轻的时候很受汽车工业巨头——福特的赏识，福特很想帮助这个年轻人实现自己的财富梦想。当福特询问本·伊利诺斯的梦想是什么的时候，本·伊利诺斯回答自己的梦想是赚到 1 000 亿美元。这让福特当时觉得非常失望。可事实的结果却是福特未曾预料的。8 年后的本·伊利诺斯成功创办了伊利诺斯大学，在别人问及其怎样才能获得成功的时候，本·伊利诺斯回答说："要善于细化自己的目标，将当前面临的最想实现的、急需实现的、能够实现的目标确立为当前的理财目标，初步整理自己的财富和确立自己的人生目标。"

同理，在职场生活中，可以首先确立一个小的实际的目标。在职场中最实际的目标可以划分为以下几种：

（1）将目标设定为加薪。在公司工作了两到三个月之后，公司会对每一位员工进行评估，在这个时候很多人都会遇到两个问题，首先是不够自信，其次是认为老板会看到自己的努力，不需要自己开口，也会给自己加薪。这样盲目的等待本身就是一个错误的选择，与其这样等待，还不如在心中给自己的目标进行一个规划。在目标之前加上一个期限，如决定在两个月或三个月之内让自己加薪或者提拔。有了这样的目标之后就应该思考为什么老板要给自己加薪，自己有没有创造出足够的价值。在业绩报告出来之前还需要做哪些工作来提高自己在老板心目中的评分，与同行业、同事的薪资水平相比较，自己的工资是偏高还是偏低，偏低的理由是什么，偏高的话还可不可以做到更高。这些都需要细化成小目标，并通过努力来实现，才能够达到加薪的目标。

（2）将目标设定为转变工作。工作并不是一成不变的，随着工作能力的提高，在一个职位上已经不能够再让你提高时，想需要接受更加具有挑战性的工作。这个时候就需要询问自己是否真的在这个岗位上已不能够得到提高，不要仅仅为了一时的冲动就变换工作，这是职场上的大忌。换工作和加薪的过程类似，但是要考虑到的问题将比加薪的问题多得多。

首先应该借助外部工具将自己打算换工作的消息传播出去，这时候互联网往往是最适合的工具，在一些求职网站上发布关于找工作的求职书。其次，如果家里亲戚、朋友或者曾经的同事在你心目中理想的公司任职，就可以依靠自己的人际关系找工作。其中最主要的是你确定自己是否能够胜任这份具有挑战性的工作。如果答案是肯定的，那就向目标公司展示自己的工作业绩，让他们相信你就是他们想要的人才。如果这些都已经做好了，那么立即行动，是你最好的选择。

（3）将目标设定为转换行业。如果你对一个行业完全失去了兴趣，觉得在这个行业中自己不会有任何发展，打算去另外一个行业工作并完成自己的人生目标。这个时候一定要慎重地了解该行业的具体信息，并进行深入调查和准备。

换行业时需要了解在这个陌生的行业中你是否需要更高的学历证书，是否需要参加一些专门的培训，怎样才能提高自己的能力，在学习过程中，需要获取怎样的证书才能够让自己的事业更进一步。还需要考虑在学习的过程中自己能否坚持下来，会不会因为现在繁忙的工作而使自己根本没有那么多时间进行学习，有没有打算辞去现在的工作进行深造学习，会不会因为这个而使家中的关系出现不和谐等，这些都是在转换行业时需要考虑的问题。

　　如果能够在职场生活中就前面的三个目标作出自己的选择，并且有决心将目标实现。那么这个时候就可以给自己的人生描绘一幅财富蓝图了。如果你还不知道自己的梦想是什么，在这个时候应该问问自己一生中最渴望的目标是什么，这个目标能不能实现，能够实现的原因是什么，不能够实现的原因是什么。在以前有没有为曾经的目标努力奋斗过，如果你奋斗过，那让你放弃的原因又是什么。

　　想明白了这些问题，接下来就需要提升自己的硬实力和软实力了，硬实力是指在实现自己目标的过程中要提高自己的专业知识水平，科学的职业规划是实现职业目标和财富积累的基础；软实力是指在工作过程中要注重培养自己积极向上的态度，敬业精神给人带来的不仅仅是工作上创造出良好的业绩，同时能够为个人带来可观的财富，并为发展带来更大的机遇。

　　描绘出财富蓝图后，接下来就要靠坚持不懈的努力将自己设定的一系列目标完成。规划自己的财富人生，是改变财运的先决条件。在遇见机会的时候及时抓住，缺乏机会的时候积极创造属于自己的机会，这时候财运就来到了你身边。

3

财富为何总是与"穷人"绝缘

爱默生曾经说过一句这样的话："目标渺小则成就渺小，目标远大则成就伟大"。如果一位猎人将自己的目标设定为一只羚羊，那么可能射到的就是一只猫，但是倘若一个人的目标是一头虎，那么就有可能射到一只羚羊。拿破仑曾经说过："不想当将军的士兵不是好士兵。"翻开历史书籍可以发现，在校期间，拿破仑就将自己的目标设定在了一个很高的标准，严格要求自己，成为一名优秀的炮兵，并由此走上了他的霸业之路。

成功者在回首以往经历时，常常告诫年轻人要懂得给自己确立目标，而穷人与富人之间的差别就在于，一个追求的只是一种平常、舒适的生活，有的甚至只需要温饱上的满足就行了，在他们有了这些物质生活最基本的保障之后，就会止步不前。富人往往将目标订立在看起来好像不切实际，但是通过长年累月的努力往往能够实现目标，然后再订立一个看起来更"遥不可及"的目标。法国媒体大亨巴拉昂去世的时候，其家属向世人宣布了能够赚取如此多财富的原因，信件中只有短短的一句话：穷人的目标是成为穷人，而富人的目标是从穷人变为富人。

财富为什么会和穷人无缘，即财富为什么总是和"目标缺失者"无缘，有学者专门研究过这个问题。

经过调研后发现，穷人在对自我进行认知时很少去想如何赚钱，认为自己一辈子踏踏实实地工作就好，不相信自己的人生能有什么改变。而富人在任何时候都坚信自己不做穷人，他们具有强烈的赚钱意识。穷人在设定目标的时候只是想着在短时间内要赚多少钱，富人在设定目标的时候则思考要帮助多少人解决就业问题；穷人总想着得过且过，喜欢在家看电视，为肥皂剧中的剧情感动得一塌糊涂；富人喜欢在外跑市场，即使打高尔夫的时候也不忘记身边带合同。目标的设立往往能够看出一个人的自信心和生活状态，将目标设定在眼前，对未来却茫然无措的人，从一开始就决定了与财富无缘，真正的财富总是被将目标设定长远并且能够细化目标的人抓住，而这也正是穷人与富人之间的差别。

没有一个正确的目标就不能培养出一个良好的生活习惯。有一个富人送给穷人一头牛，穷人满怀希望地开始努力奋斗。但是牛要吃草，人要吃饭，在万分困难的时候只好将牛卖了买了只羊，等到日子又有些艰难的时候，又将羊卖了买了只鸡，等到最后什么都没有了。而富人的成功秘诀在于没钱的时候不管自己有多困难，也不动用自身的积蓄和投资，富人认为，在有压力的情况下才能够使自己找到赚钱的方法。可见，目标决定了人的习惯，而习惯决定了人的一生。

法国媒体大亨巴拉昂曾经说过："一个人只有订立了目标，才能培养出自己的能力与野心。"他从一个推销装饰画的小员工一步步做起，在不到10年的时间里，位列世界富翁榜前50名。1998年，巴拉昂临终遗嘱公布，声称只要有人能够回答穷人和富人之间的差别，就将100万法郎赠送给他。巴拉昂说自己也曾经是穷人，正因为知道穷人与富人之间的差别才能够跨越穷人的门槛。巴拉昂将自己成功的秘诀放在银行的一个保险柜中，只要别人的回答能够和他的秘诀一样，就将这些钱送给他。

消息发出后，不同地方的人争先恐后地将自己的答案寄往巴拉昂处，在他逝世一周年纪念日的时候，律师和公证人从银行密码箱中将密码解密，在诸多封信件中，只有一名小女孩的答案和巴拉昂临终前的答案一样，那就是"目标"。

是的，一个人缺乏目标，或者在经历过很多次的尝试之后，发现依然不能够达成自己的小目标，必然会让人感到沮丧，然后失去动力。工作中的混乱往往会使人迷失了方向，目标决定了自己的人生，在发现目标无法完成的时候首先应该思考清楚，自己订立的目标是否太高，软实力与硬实力不足使得在工作的过程中总是显得心有余而力不足？如果出现了这样的情况，就要学会打开自己的心扉，找到切实可行的方法来满足自己内心的渴望。这个时候可以将自己订立的目标再次进行细分，从而给自己足够的信心，相信自己能够很好地完成这个任务。在目标的实现过程中获得应有的满足，更好地规划自己的人生目标并督促目标的实现。

完成目标并获取新的渴望是改变财运的原动力，也是富人与穷人的真正差别之处。目标能否完成往往决定了对一份工作的激情程度，就穷人而言，总是按部就班地去完成一份工作，没有激情就不可能全心全意地去工作。穷人有的只是一种情绪，为得到上司的表扬而激动、商店打折会激动……而富人却始终保持着生命的激情，古有"燕雀安知鸿鹄之志哉""王侯将相宁有种乎"的霸气，这样，有了激情才能够有灵感的火花，穷人也会变成富人。

选择怎样的目标决定了怎样的人生。如果一个人认为自己职业生活是在为别人工作，那么这样的人永远都只能为别人工作。

菲尔·强生是美国波音公司的总裁，该公司制造的"空中飞行堡垒"轰炸机为盟军在第二次世界大战中起到了决定性的作用。但是在菲尔小时候，他父亲只是一家小型洗衣店的老板，并且让他在洗衣店工作，但是由于菲尔厌恶洗衣店的工作，每天工作的时候懒懒散散，无精打采，这让他的父亲非常苦恼，觉得养了一个完全没有上进心的儿子。

有一天菲尔告诉父亲想到一家机械厂工作，成为其中的一名普通工人。父亲对他的想法完全无法理解，并千方百计地阻止他。但是菲尔坚持自己的想法，穿上了油腻的工作服，开始了劳动量很大，工作时间也很长的工作。菲尔还有一个与众不同之处是其坚持定期给自己设立一个目标，比如在一个月之内要学会什么。在工作期间，菲尔选修了工程学课程，研究引擎和装配机械技术，最终获得了成功。生活中同样如此，财富总是与穷人失之交臂的原因在于穷人被各种各样的链锁羁绊，在亲人为自己设计的"美好"蓝图中丧失了对生活的激情。

因此，想要成为一个富人，在制定自己职业目标的时候，爱好将会是选择职业的第一步，也是决定性的一步。在工作过程中时常问自己在工作的过程中能带来什么，从事一份自己能够胜任又喜欢的工作，才是人生中最大的乐趣。但是不管怎样，一旦锁定了自己的目标，选择好自己的人生方向以及职业，就应该全身心地投入到工作中，排除万难。甚至拿出豁出自己生命的勇气，这个时候，你就已经开始走上了富人的道路。

4

定下目标，财富才能成为"亲密恋人"

目标不仅仅只是一个设想，而是一个通过努力之后能够实现的理想。目标不仅仅只是我想、我能，而是很明确的奋斗方向。设定明确的目标是成功的出发点，有些人之所以不能获得成功，就在于他们没有明确地设定自己的目标，从来没有迈出第一步，更没有为自己的将来奠定良好的基础。

美国科学学院前主席卡尔·马尔登认为，不花时间去思考和创造地生活是一件非常愚蠢的事情。他在一篇报道中声明，人类生活之所以能够健全正是因为人类在超越一般动物的过程中，能够设定计划去达到他想要的目标，其中的成就都是需要花费大量时间日积月累起来的。

有人曾经请美国前总统罗斯福的夫人给刚走出校门的年轻人一些建议，夫人并没有直接说什么，只是讲了一个发人深省的故事。总统夫人讲道：在她就读于本宁顿学院时曾经想一边工作一边读书，最好能够找到和专业相关的工作。于是父亲便帮她联系并约见了一位好友——时任美国无线电公司董事长的萨尔诺夫将军。总统夫人与萨尔诺夫将军见面之后，将军很直接地询问她想要怎样的工作。当时总统夫人的回答是将军手下公司的任何工种都可以，随便找一份工作就行。令总统夫人至今记忆犹新的是将军停下了手中的工作，神情严肃地告诉她，世界上没有任何一种叫"随便"的工作，成功的道路是需要目标来铺垫而成的。

一个没有具体目标的人就像一艘没有舵的船，将会一直在海上漂流不定。当你仔细观察过那些已经取得令人瞩目成就的成功人士之后，就会发现他们每一个人都能够很好地制定自己的目标，并且都花费了大量的时间和精力来完成目标。

美国前财政大臣卢卡斯·佩尔在谈及一个项目投资的时候与记者进行交谈，记者询问佩尔到底是什么原因会导致一个人始终与成功无缘，佩尔说，是模糊不清的目标，并且详细解释了这一观点。佩尔与记者在之前的交谈过程中曾问及记者的目标是什么，记者说想在山上买一间小屋，佩尔强调这就是模糊不清的目标，在选择小屋的时候应当考虑在哪座山上购买一栋怎样的小屋，在考虑买小屋的时候应当考虑通货膨胀，计算出这样的一栋小屋在若干年之后的价值，而那时候的经济条件是否足够支撑记者在山上买一栋小屋，每个月需要在工资中拿出多少钱才能够在之后的某天买下小屋。如果真的这么做了，自然而然在不久的将来就会有这样的小屋，但是如果只是说说而已，或者只是订立了这样的一个模糊的目标，没有实际的行动来配合目标完成行动中的计划，再美好的目标也只是空想而已。

因此，在制定目标的时候就需要有一个明确的目标，不能设立比如"有一天""有可能"等模糊不清的概念，有了这些模糊性的词语，成功的可能性自然也就不会很大。那么，在制定目标的过程中，应当制定一个怎样的目标，才能够让财富和你成为一对"亲密恋人"呢？

首先，目标应该是明确的。大多数的人都有自己的奋斗目标，但是这个目标很多都是模糊的，属于空泛的、不具体的目标。因此，在未来的工作生活中往往难以把握这个目标，目标不够明确，在行动上就会给人带来很大的盲目性，总是想着在之后的时间中再继续之前的学习。因此，在目标之前加上一个具体的时间期限，是很有必要的。这样设定的目标就不会浪费时间和耽搁自己的前程。

其次，目标应当是实际的。一个人建立的奋斗目标，必然要结合自己的实际情况、兴趣爱好等。这样订立的目标才能够发挥出自己的特长，在奋斗的过程中也不至于觉得索然无味。为一个不可能实现的目标而花费大量的时间和精力是非常不明智的行为。比如你从事的是计算机行业，但是制定的目标却是能够成为国际一线歌星，这样的目标是非常不明智的。这时，就要与自己的实际情况相结合看能否往音乐界发展，如果既没有出色的音质，又没有足够的能力，只是凭着一腔热血而放弃了当前所从事的工作，是不切合实际的。

再次，目标应当是专一的。不要因为一时的兴趣而改变自己的目标。一个良好的目标在确立之前需要经过仔细的斟酌和思考，需要权衡各个方面的利弊和价值，从许多相近的目标中选择一种最适合自己的目标。屈原曾说过："路漫漫其修远兮，吾将上下而求索"，在确立了目标之后正应该以这种态度去实现自己的目标。

目标还应当是特定的，在确定目标的时候应该具体在一个点上，不能将目标放得太宽泛，不然只会使自己的目标不切实际，因为每个人的精力都是有限的，即便聪慧如爱因斯坦也不能够在各个方面都到达学术的顶端。这和设计平面图纸是一样的道理，在设计的时候需要将各个部分建筑的细节、结构、颜色等方面都考虑好，而不能仅仅划出一个模糊的外观，这样的设计会因为过于笼统而无法实现。

最后，目标还应当是远大的。目标的建立有大小之分，只有在建立了大目标之后才能建立小目标。而大目标的建立应该是远大的，因为只有远大的目标才能够使人的一生有意义，才能真切地激起人心中的欲望。不够长远的目标往往不能够得到自身的重视，这种心理就会使得自身的潜能难以发挥出来，走不了多远就会感觉到松懈。伟人之所以伟大首先正是因为他有一个远大的目标，并通过无数的努力之后将其实现，为国家、社会做出了巨大的贡献，这样他就得到了别人的认可。因此，树立远大的目标，是每一个人升华自身价值的前提条件。

确定了自己清晰的目标，就打开了财运的大门。当制定好了所追求的目标，同时也给这些目标找到了必须实现的理由之后，就应当让自己立即行动起来，去完成自己制定好的计划，向着财富之门进发。

5

认真梳理目标才能"一分钟"改变财运

任何单一的目标都会影响整体的发展，在实施过程中，不仅要完成事业和财富上的目标，协调好健康与家庭的目标，同样极为重要，因为财富＋家庭＋健康＝财富人生。倘若事业与财富的发展破坏了家庭或者自身健康的目标，可以说这样的人并不是成功的。当别人以为你成功的时候，只有你自己才知道内心深处的痛苦，这无疑是错误的选择。同样，倘若只发展健康与家庭的目标，一味地强调内心的感受，但是在事业与财富的目标上一事无成，这就好比穿着破草鞋还进行自我陶醉。

人们在构建好了财富目标的基本框架之后，就需要好好梳理自己的目标，使之成为自己手中的利器，为将来的成功披荆斩棘。从成功人士的生活中可以看出，世界上的机会其实有很多，但是怎样利用目标抓住属于自己的机会，却是值得很多人去思考、探索的。目标是一个系统工程，意识到这一点的人往往能够在诸多机遇中恰到好处地把握住，表现自己。因此，认真梳理自己的目标，将目标与目标之间的关系调配至和谐，才是获得双赢的最佳方式。

"钢铁大王"安德鲁·卡内基在他建立的钢铁公司跃升至美国最大的

钢铁公司的揭幕式上，向世人宣称人生必须要有目标，但是在所有的目标之中，赚钱无疑是一种最失败的目标。

真正能够成就大事业的人往往不会直接将目光放在赚钱之上，而是用其敏锐的洞察力发现间接财富。所谓间接财富是指在追求自己目标的同时财富自然而然会为您打开大门。目标本身是一个理想，而实现理想也可以说是一个浪漫的过程，他能够给人一种力量和激情。但是倘若在一开始将自己的目标设定为赚取足够的金钱，那么这个足够是指多少？这会让人将赚取金钱当成自己最终的目标，在达到这个目标之后丧失了动力。怀抱自身的理想去工作，才是在财富路上依然能够感觉愉悦的关键。

除了最好不要以"赚钱"为目标之外，在定制目标的过程中还应当不要盲目地进行定位。在订立目标的时候，兴趣、爱好、专长确实是极其重要的，但是在选择自身发展方向的时候还应当明白时代的进步性，不要一味地以为自己能够仅仅通过努力以及专业知识打开财富之门，比如学地质外语的人（其实这是一个很冷门的专业）倘若不愿妥协，最后的结果还是很难在社会中找到一个很合适的工作。这个时候就可以结合社会与自身的具体情况，在专业与工作之间进行协调，然后再订立自己的目标，这考验了人对自己的认知能力与认识社会的能力。

警惕所学过多给自己带来的麻烦。人的精力和时间毕竟是有限的，怎样从有限的时间中摄取足够多的知识从而打开财富之门，是需要经过大量的实践与经验发现的。在订立目标的过程中应当警惕博而不专的危害。博学多才是一个很美丽的陷阱，现在的社会形势其实已经决定了专一、独特的人才能够在工作中散发出耀眼的光彩。

人本身是一种以自我为中心的动物，总是习惯性地用自己的人生观来看待整个社会，但是社会是不会跟随着个人的思想而变化。因此，在制定目标时要排除那些以自我为中心的目标，避免陷入一厢情愿的人生规划中。世界级大公司IBM创始人托马斯·沃森年轻时在一家普通的销售公司上班，那时他一直都认为自己是营销部长不可替代的接班人选。于是在公司中忽略了很多同事，也忽略了老板的一位老朋友加盟了企业，进入了营销部。在那时候托马斯认为只要现任的营销部长走了，自己就是理所当然的接班人。但事情的结果却出乎他的意料，在现任营销部长走后他并没有被提升为营销部长，因此他很受打击，认为自己怀才不遇，觉得命运对他很不公平。多年后托马斯在回忆时特别强调，在工作中千万不能够以自我为中心。在制定目标的时候不要一叶障目，不见泰山。一厢情愿的定位，是绝对不可能在工作中取得理想结果的。

在实现目标的过程中，每天拿出一分钟的时间来审视自己的目标，体会实现目标过程中的快乐。每天审视这些目标，在工作中充分运用自身的感官，让自己沉醉在实现目标的追求中，当一个人将自己的精力投射在目标实现的情境中，可以很好地使自己将现状和目标衔接起来，让自己对实现目标的过程有一种强烈的把握，从而能够在工作过程中加倍地用心。

目标并不是人生的终点而是为了达成目标的一个手段，它主要是通过实现增强人的精力，引导发展的方向。实现目标往往不能够一直给人带来快乐，但是在实现目标的过程中克服一个又一个的困难，却能够使人实实在在地获得成就感。

制定好所有的目标后，要仔细整理已经确定好的目标，人生目标就本身而言是一个复杂的体系，很多目标之间可能是相互矛盾的，这个时候就需要处理好各个细分目标之间的关系，明确自己需要的是什么，适当地进行取舍，不能让自己的目标之间产生矛盾。有人喜欢平静的生活却选择了动荡的职位，这就是一种矛盾，这样的矛盾定位往往会导致激烈的冲突，删除一些与大目标相互矛盾的小目标，是获得自我愉悦，避免分散注意力的最好方式。

制定好了目标，将目标之间的关系梳理清楚后，就要让自己立即行动起来，向着目标进发，为改变自身的财运迈出第一步。

第三章

时间整理

浪费时间就意味着将财运推下"悬崖"

　　时间在每个人的生活中扮演了重要的角色，成也时间，败也时间。时间是最公平的，然而人却是千差万别，成功的人合理安排、利用时间取得成功，失败的人不懂时间的可贵只能徒叹光阴易逝。

　　时间是每个人最重要的财富，谁规划好自己的时间，谁就比别人拥有更多的财富。其实我们每天花费在工作中的时间并不算多，一天24小时，除去吃饭、睡觉这些必不可少的时间开销，一天还剩多少时间可以用在工作上呢？很多人会觉得时间不够，当需要做一件重要的事情，比如一个会展、公司上市等，总是希望能有更多的时间准备，然而，时间是固定且有限的，所要做的事情却是可以改变的，可以把以前浪费时间的坏习惯改变，做一些合理的规划，这对于上班族来说是非常重要的，可以说管理时间就是管理生命。

1

时间的意义：谁不珍惜就将失去财富

有个一无所有的年轻人，觉得生活很苦闷，就去请教一位哲人，希望哲人能够给他的未来指明道路。哲人问年轻人为什么去找他，年轻人回答："我至今仍一无所有，恳请您给我指一个方向，使我能够找到人生的价值。"哲人告诉年轻人："你和别人一样富有啊，因为每天时间老人都在你的'时间银行'里存下了 86 400 秒！"年轻人苦涩地一笑，说："那有什么用处呢？它们既不能被当作荣誉，也不能换成一顿美餐……"哲人打断他的话，问："难道你不认为它们珍贵吗？那你不妨去问一问刚刚延误乘机的游客，一分钟值多少钱；去问一问刚刚死里逃生的'幸运儿'，1 秒钟值多少钱；去问一下刚刚与金牌失之交臂的运动员，1 毫秒值多少钱。"听了哲人的话，年轻人羞愧地低下了头。年轻人明白了时间的珍贵。做一件自己想做的事情时，脚下的路便会慢慢明朗起来。只要拥有现在，那么我们就是富有的。因为，我们每天都拥有 86 400 秒的时间可以支配。如果你不珍惜，时间就会像风一样从你身边飘过，给日子留下一片苍白。当你懂得珍惜，知道每一秒都应该给生活添上一抹色彩时，那么你的人生自然就会绚丽起来。

其实在现实生活中，很多人都像这个故事中的年轻人一样是财富的追逐者。无论从事什么工作，最直接的目的就是获取财富，或许有人觉得财富不算什么，但是不可否认，财富是人们幸福生活的必要条件。

要想获得财富，必须珍惜时间。财富是通过时间的积累来获得的，每个人一天都是 24 小时，对待时间的态度很大程度上决定一个人获取财富的多少，一个珍惜时间的人，把时间都投资在有意义的事情上，自然能获取更多的财富。那些在事业上取得一定成就的人都深知时间的价值，他们都能够珍惜时间，善于利用每分每秒。有很多实力雄厚、目光敏锐的大企业家，都以沉默寡言和办事迅速、敏捷著称。一个成功者往往非常珍惜自己的时间，通常，工作紧张的大忙人都希望设法赶走那些与他海阔天空地闲聊、消耗他时间的人，他们希望自己宝贵的光阴不要受到损失。

杰克是一家书店的店主，他很珍惜时间。一次，一位客人在他的书店里选书，他花了一个多小时才指着一本书问店员："这本书多少钱？"店员看看书的标价说："5 美元。""什么，这么一本薄薄的小册子，要 5 美元？"客人惊呼起来："能不能便宜一点，打个折吧。""对不起，先生，这本书就要 5 美元，没办法打折了。"店员回答。那个客人拿着书爱不释手，可还是觉得书太贵，于是问道："请问杰克先生在店里吗？""在，他在后面的办公室里忙着呢，你有什么事吗？"店员奇怪地看着那个客人。客人说："我想见一见杰克先生。"在客人的坚持下，店员只好把杰克叫了出来。那位客人再次问："请问杰克先生，这本书的最低价格是多少钱？""6 美元。"杰克斩钉截铁地回答。"什么？6 美元！我没有听错吧，可是刚才你的店员明明说是 5 美元。"客人诧异地问道。"没错，先生，刚才是 5 美元，但是你耽误了我的时间，这个损失远远大于 1 美元。"杰克毫不犹豫地说。那个客人脸上一副掩饰不住的尴尬表情。为了尽快结束这场谈话，他再次问道："好吧，那么你现在最后一次告诉我这本书的最低价格吧。""7美元。"杰克面不改色地回答。"天哪！你这是做的什么生意，刚才你明明说是6美元。""是的。"杰克依旧保持着冷静的表情，"刚才你耽误了我一点时间，而现在你耽误了我更多的时间。因此我被耽误的工作价值也在增加，远远不止2美元。"那位客人再也说不出话来，他默默地拿出钱放在了柜台上，拿着书离开了。

时间创造财富。最明显的反映就是雇主与被雇佣者的关系，雇主需要被雇佣者消耗时间为他做事，双方交易的实质就是时间。在我们看到的人群中，有些人的工作完全是在混日子，看着时间想着快点下班，下班之后又看着时间愁着又要上班，这些人没有意识到在这种浪费时间的恶性循环中，很多东西都失去了，该认真做的事情没有做好，该学的东西没有去学，如此，怎么可能获得财富？而与之相反的人，上班的时候认真地把该做的事情做完，而且在做的过程中学习，这样随着时间的推移，财富就在不知不觉中增长，或许在短期看不出来，但是时间一长就可以体现出来了。现代社会的工作制度是人性的，每天八小时工作制。不少人在工作的时候把时间花费在上网看无聊的新闻、与同事闲聊，真正认真工作的人在这八小时中要想完成当天的任务是非常紧迫的，因而很多人都觉得时间不够，只能在公司加班，或者回去后在家里加班。把本职工作做好，这是获得财富最基本的途径。而要想获得更多的财富，则需要花费更多的时间。

时间创造财富在现实中已经成为一些企业全新的理念，威客网在2010年正式改名为"时间财富威客网"，新的名字浓缩了威客网新的理念和追求：时间创造财富，财富赢得时间。像威客网的总裁周先生所说："全新的时间财富威客网集合了原威客中国网所有的优点，以时间作为威客模式下财富的诠释，实际上是一种理念的突破。我们热切期待每一个威客朋友，把握宝贵的时间，奉献智慧和才智，真正将时间转化为自己的财富，在威客之路上迈出坚实的步伐"。

在国外，时间也是很受人们重视，在瑞士，婴儿降生，医院就会在户籍卡上输入孩子的姓名、性别、出生年月及家庭住址。由于婴儿和大人用统一规格的户籍卡，因此每个婴儿都有"财产状况"这一栏。瑞士人在为自己孩子填写财产时，写的都是"时间"。他们认为，对于一个人，尤其是一个刚出生的婴儿来说，所拥有的财富，除时间外，不会有其他更宝贵的东西。

从中可以看出，谁不珍惜时间谁将失去财富，正如那句老话："少壮不努力，老大徒伤悲"。不抓紧现在的时间去做更多的事情，等到将来时间不够了就后悔莫及了。

如果你现在已经认识到时间的重要性了，可以用以下方法对时间进行管理：

（1）在笔记本上制定一个空白行程表，记录每周活动。

（2）将每天以15分钟为一小段进行记录，并从头到尾写下所有安排好的约会、会议或其他活动，每项活动都要有严格的起始和结束时间。

（3）记下在睡觉、吃饭、上下班路上以及其他必需的日常事务上所花费的时间，如化妆或必须做的个人卫生等。一定要保证自己对这些事情花费的时间所做出的安排是现实的。

（4）在剩下的时间里，安排可能出现的其他任务或目标，这些任务或目标根据每天的变化可能有所不同，但由于它们是随意的，所以你必须按照某种方式排出轻重缓急，这样才能确保那些重要而紧急的事情可以按时完成，而不重要的事情不会妨碍整个进程。

这样，对每天的时间都进行了整理，时间就会"节省"下来，而财富则会汇聚得更多。

2

拒绝拖延，高效利用时间

"拖延"是浪费时间的、非常不好的习惯，它会让你在不知不觉中堆积很多的事情，而当你看着这冗长的待办事项清单，却又无法下定决心改变它时，这样累积的事情只会越来越多。

（1）工作的时候处理个人事务会让人染上拖延症。有些人喜欢在工作时间处理私人事务，这很容易耽误时间，染上拖延症。汤姆是安利公司的一名员工，一天，老板又因为他做事拖拉批评了他。汤姆每天来到公司打开电脑之后都要先浏览一下自己的邮箱，给自己的朋友回复邮件，之后还要给自己美丽的女友露西打个电话，告诉她自己来到了公司。完了他还要关注新闻，看是否有有趣的事情发生。做完这些后他才开始做事，可是刚做不久，汤姆又要打电话给自己的好朋友鲍勃，问他晚上是否有好玩的节目……等他处理完自己的事情之后，就该下班了，而要做的工作却还没有完成，只能留到第二天再做了。

（2）完美主义和畏惧心理会让人染上拖延症。在生活中不乏这两类人。有些人追求完美，对于每件事情都希望做得完美无缺，于是在制定计划时将一些几乎可以忽略的因素也考虑进去，还将之作为重要因素考虑，以为这样才能尽善尽美，殊不知这样反而更会耽误时间，无法完成工作。另一种人却恰恰相反，这类人担心自己做不好，将任务评估的过高，从而产生了畏惧心理，因为担心自己完不成、害怕失败，于是将本应该做的工作一拖再拖，或者根本就不去做。

（3）焦虑和揽责任会让人染上拖延症。有些人看起来非常着急上火，可是并不见他们抓紧时间工作，而是将这些时间花在了焦虑上，一直在心里想："我该怎么办""怎么做工作"……这样焦虑发愁，工作自然无法完成。还有一种人，在人前表现得非常豪爽，对于同事间的任何困难都敢拍胸脯"这事包在我身上"，结果因为承揽的事情太多，一事无成，造成了时间的浪费，成了典型的拖延症患者。

（4）优柔寡断和懒惰容易让人染上拖延症。面临选择时，优柔寡断的人思前想后总是对一件事下不了决心，而到头来做出决定后又使自己陷入忙乱之中。其实与其当断不断，不如当机立断，即使做出的选择是错误的也比什么都不做好，我们可以从这个错误的决定中吸取教训，下次面临这样的情况时就可以迅速地做出正确的决定。真正优柔寡断的人其实不多，拖延症候群中大部分人用一个字来说，就是"懒"。"等会儿再说""现在不急"，懒惰这个恶习，想必人人都深知其害。

拖延症患者们往往会为自己的拖延找一个让自己心里舒服的借口，比如早起锻炼，睡觉前还设置好了闹钟，可是当被闹钟吵醒时，拖延者就会挣扎一下，然后想着"算了，明天再去吧。"要是外面下着小雨那就更不用多考虑了，顺手关了闹钟接着睡，如此一天两天，一直没有出去锻炼，这份心思也就渐渐地淡薄了。其实只要当机立断，闹钟一响立刻爬起来，就会发现完成锻炼之后的心情很舒畅，这时再回过头来想，会很欣慰自己的决定。

生活中，很多事情并不像早上起床这么简单，即使你起不来，造成的损害也是个人的，对于公司而言，员工的做事拖拉将会导致公司整体战略的延误，对于这种员工，公司是会毫不犹豫辞退的。因此，战胜拖延刻不容缓。对于有拖延习惯的人，最好的方法就是为自己的工作制作时间表，将自己必须完成的每一件事情的时间都计划好，列在一张表上，挂在自己办公桌前，督促自己完成。并可以利用以下几个小诀窍来确保自己的计划尽可能有效地完成。

（1）对所有的活动，估计将要耗费的时间时一定要结合实际，如果有疑虑，就留出额外的时间。

（2）在每两项任务之间，要留一定的时间间隔，免得做完一件事后就急着跳到另一件事上去。每完成一项任务，都要放松一会儿，花几分钟思考。

（3）要留有路上的时间，而且一定要按最有可能发生的情况进行安排，不要按理想的天气或交通安排行程。

（4）日程表的安排要有弹性，以防止发生紧急事件或意料之外的事件。

（5）尽可能完成一项任务后再去完成下一项。一下子完成一大堆任务会平添焦虑，还会影响自己的工作效率。

（6）起始和终止的时间要安排清楚。计划中的任务往往会自行扩张，慢慢填满所有可以利用的时间。清楚明晰的结束时间可以产生激励效应，提高自己的注意力和工作效率。

（7）不要忘记给自己留些时间，这一点非常重要。因为留些时间满足自己的业余爱好，对自己的工作很重要。从长远来看，如果能为自己留一些时间，那么会有助于提高自己的工作效率。

战胜拖延症其实并不难，关键是要有决心，在决定做一件事情时，一定要给出完成的明确时间，如果只给出一个模糊的时间，那么这件事将一再拖延。我们可以给自己做个时间贴士，给自己发一份邮件、短信或给自己的语音信箱留一个信息，清晰地说出你的承诺，承诺一次你就有可能完成它，承诺两次你就会不惜一切代价完成它。一旦能够做到小事情马上去做，那么大事情也自然就会马上去做。

3

巧妙利用上下班途中的时间

现代人上下班需要花费很多的时间，人们也使用不同的交通工具上下班，在谈到巧用上下班途中的时间这个问题上，需要首先搞清楚个人的喜好。可以参考以下这些问题：

（1）自己属于早睡早起的人还是习惯晚上熬夜白天起床晚的人？

（2）乘车会不会晕车？在车上能不能看书？

（3）是否喜欢在公共场合工作？在公共场合能不能睡觉歇息？

（4）人与人的安全距离是多少？是否会在人多拥挤的场合感到烦躁？

（5）喜欢在上下班途中准备当天的工作还是休息？

现在很多人喜欢自己开车去公司，其实自己开车是一件比较无趣的事，为何不好好想想怎样使沉闷的上下班之路变得积极有趣？

人们可以尝试着做些改变。每天晚上睡觉前整理公文包，清理掉那些不需要的东西，只带上必需品，第二天上班时就不用带着一个放满杂物的沉甸甸的公文包了。还可以考虑穿双舒适的鞋，相信很多上班的人对于每天在公司穿皮鞋感到不舒服，何不在上下班的时候换双休闲鞋让自己的脚舒服点呢，然后把皮鞋放在公司。准备一台平板电脑打发路上的时间是不错的选择，如果选择公共交通出行的话，还可以买份纸质书报，在车上看看报纸。或者也可以什么都不做，让大脑和神经处于彻底放松状态，因为接下来一整天都要用脑，所以不妨趁着这时放空自己。

不少上班族都会抱怨早上的交通太挤，这样的话何不早一点起，在早高峰来临之前到达公司，既可以避免上班的拥堵，还可以趁早来的时间在办公室规划一下一天的工作。同样，下班的时候可以稍微晚点回去，在办公室处理完还没做完的工作，这样回到家就可以完全放松了。

有很多上班族想要锻炼身体却总是苦于没有时间，那些离上班地点比较近的上班族则完全不应该有这方面的烦恼，既然离公司不远，那为什么不选择步行去公司呢，然后就可以在上下班的时间做运动。步行时走路的姿势很重要，一定要挺胸收腹，不要弯腰驼背。既然把走路当成锻炼身体，那就不能像散步一样慢慢地走，应该适当地加大步伐，大步向前走，才能运动一个人的大腿肌肉。走路要脚跟先着地，不要整个脚底平放在地面上，将重心放在前脚，每一步都按照后脚跟、脚心、脚尖的顺序着地，这样走路会使得脚的曲线匀称。

听书是个合理利用上下班时间的好方法。听书的好处很多，首先不费眼睛，有的人在车上摇摇晃晃的很难看书，或者看了一会儿就感觉头昏脑涨的。其次每天听书可以增加自己不少学识，网上也有不少的有声书资源。

运用这些方法将上下班路途上的时间有效利用起来，你就会明显感觉到自己的时间宽裕了，生活也更加丰富多彩了。

4

有效利用碎片化时间

懂得利用时间的人，为了提高效率，会把琐碎的事情放到一起做。例如：约见客户、回邮件、上网查东西、发快递、复印等。这些小事每件要花的时间不多，但是把做这些事情的时间加起来却是很长的一段时间。而把它们放在一起，争取一口气做完，能够节省很多时间。

如果扫地要 5 分钟，拖地要 6 分钟，洗碗要 3 分钟，烧水要 15 分钟，泡茶要 5 分钟，那么做完这所有的事情一共要几分钟？是 34 分钟？不是，而只要 20 分钟，为什么呢？因为，可以先烧水，在烧水的同时，可以将扫地、拖地、洗碗做完，做完这些，水也该烧开了，那就可以泡茶了。这就是合理利用零碎时间，将有联系的事情整合在一起完成。这样，可以高效地利用时间。

在工作中也是如此，按照动作的相关性把琐碎的工作放到一起，形成集中的工作时间。这样可以更容易地估计出需要的时间，更有效地完成工作。

人们对时间的意识和控制随着社会的发展和科技的进步越来越强。现代人计量时间的单位已经不再是天，而是时、分、秒。雷巴柯夫说："用

'分'来计算时间的人，比用'时'来计算时间的人，时间多了59倍。"
在运动场上，常常看到以十分之一秒的时间差来决定谁是记录的创造者。
用争分夺秒这个词来形容现代社会对时间的利用已经不再是夸张了，尤其
在高科技领域，经常以毫秒、微秒来精确地对卫星、导弹的轨道计算，一
个小小的误差都会造成无法挽回的严重后果。

对时间计算得越精细，做事情就能够越有效率。生活中理财是要精打
细算的，同样，时间也是一样的。一个人把一件能够在十分钟内完成的事
安排一个小时，我们可以想象在这一个小时中他是怎么做的：跟同事说会
儿话、上上网，这样把做一件事的时间分成很多小的时间段，不仅时间浪
费了五十分钟，而且思路如此的断断续续，事情也很难做好。有些时候思
路一旦被打断，重新回来就会觉得不知从何做起，前后很难找到连接点。

很多对这种零碎时间不在乎的人都觉得这点时间做不了什么事，与其
把这点时间拿来工作，不如趁机放松一下自己。但时间是一点点挤出来的，
零碎的时间我们可以跟客户通电话约见面时间、可以发邮件。这些小事与
其在工作时把思绪打断去做，不如利用空闲时零碎的时间去做。

我们有很多的零碎时间，大多数时候我们都把这些时间心安理得地浪
费掉了，真正懂得珍惜时间的人是不会浪费这些时间的。古语有言："一
寸光阴一寸金。"人们有时会很纳闷，大家都很抓紧时间工作，上班的时
候上班，也没有加班，但是有些同事就是比其他同事的工作做得好、做得快。
善于发现的人会看到，其实这其中的差别在于工作做得好的同事能够合理
地规划好零碎时间，把它们花在合适的事情上。在正常的情况下，时间都
是一点点溜掉的。

彼得准备晚上7点开始看书，但由于晚饭吃得太多，想看会儿电视消遣消遣。他本来只想看一会儿，但是感觉电视节目太精彩了，只好全部看完，这时已经过了两个小时。9点的时候，他刚想坐下看书，却又折回来给女朋友打了个电话，不知不觉又花了40多分钟。而后，他又接了一个电话，花了15分钟。当他走到书桌旁时，忽然看到有人在打羽毛球，不禁一时手痒。于是，他又打了一个小时的羽毛球。打完球后，他已经全身是汗，去冲了个凉。接着，他又有点疲倦，觉得应该小睡片刻。打球和淋浴后，他又感觉到有点饿了，所以还要吃点宵夜。这个原准备用功的晚上马上就过去了，直到凌晨1点，彼得才打开书来看。但是，这时候他已经看不下去了，只好作罢，蒙头大睡。第二天早上他对教授说："我渴望你再给我一次补考的机会，我真的非常用功，为了这次考试，我昨天晚上看书看到半夜2点呢！"

还有一个统计显示，在美国，平均每天有170 000 000个会议，人们每8分钟就会受到1次打扰，每小时大概7次，每天50多次。假设平均每次被打扰5分钟，每天大约4个小时，也就是说，将近一半的打扰是没有意义或者极少有价值的。事实上，每被打断一次，一般要损失10-15分钟的时间，所以如果1个小时内接到4个电话，这1小时基本就浪费了。况且，在电子化的今天，我们经常要处理一些邮件。如此下来，一天只有20%的时间用在了工作上，80%的时间用在了无意义的事情上。

在大多数的上班族中，一个越忙的人时间被分割得越厉害，如等车、候机、对方约会迟到、堵车等问题。这些事情如果无法合理地处理好，就会焦头烂额，磕磕碰碰，往往会因为时间的紧迫而无法把当前该做的事情做好。与客户洽谈时，经常看自己的手表是一种很不礼貌的行为，大家时间都很紧迫，着急是没办法解决问题的，一定要静下来好好谈。如何才能使自己不至于整天赶时间呢？这就要合理地利用好零碎时间，事先做好安排是最重要的。可以制定一份时间表，把当天要做的事情全部写进去，做完一件勾掉一件。零碎时间看看这里面有什么事情可以现在趁机去做的，这样一来就可以有条不紊。

在对零碎时间的处理上，心态非常重要，改变自己不好的心态是必须的，心态决定思想，思想主导行为，我们永远不要抱怨没时间。抱怨是没有用的，时间不会因为你的抱怨而增加，抱怨只是对时间的一种浪费。有句话说得好："时间就像海绵里的水，只要去挤，总会有的"。

要利用零碎时间，首先要合理安排自己的时间，例如拜访客户的时候可以提前一小时到，这样可以在这早到的一小时里完成一项工作；零碎的时间其实就是不构成连续事件或事件与事件之间的间隔时间，这样的时间是不能完成一件完整的事情的，但是可以利用这小段时间进行学习，处理一些小事情。日积月累，小时间就成了大时间，完成的事情也就不可限量了。

5

将最重要的事情安排在最佳时间段

有的人经常感觉到有的时候上午做一件事不顺心，然后下午或者晚上做的时候效率很高。有的人早上做事很活跃，有的人晚上做事很迅速。这是一种很奇怪的现象，然而却是事实，每个人都有自己独特的最佳时间段。

在一天 24 小时中，每个人都会有最佳的工作时间段，这个时间段是不尽相同的，最典型的就是习惯早睡的人和夜猫子，夜猫子在晚上精神很好，到了白天就整天昏昏欲睡。

人们可以把 24 小时分为早晨、上午、下午、傍晚和晚上这几个时间段。在这些时间段中找出哪个时间段是自己的最佳工作时间段。可以先从自己的身体情况以及周边的生活、工作环境开始了解。按照自己的生物钟来生活、工作是不可能的，我们必须先调整自己的生物钟，使之适应工作，假如你以前都是白天上班，突然情况发生了变化，变成了需要晚上上班，这时就要及时调整自己的生物钟。生物钟一旦确定了就不要轻易去改变，频繁地改变自己的生物钟或者不按照生物钟的作息时间来生活，会使得自己在工作时间无法集中精力，这样对工作的影响是很大的，更重要的是，与生物钟不协调的生活对于自己的身体也是有害的。

把生物钟调整到和自己的工作相适应后，就需要考虑到工作环境，这对于工作效率的影响是很大的，有些人喜欢安静，有些人在人多热闹的时候感觉更好。

人们工作的最佳时间段还和个人的喜好有关，有人习惯在早晨工作，而有的人就讨厌在早晨工作，大部分这样的人早晨都有睡懒觉的习惯。我们可以通过监测来综合分析，寻找自己合适的工作时间段。

（1）在接下来的两周时间，从自己起床开始，在一个记事本上把自己一天的时间进行这样的划分：早晨（起床时间～上午9点）、上午（上午9点～中午12点）、下午（中午12点～下午4点）、傍晚（下午4点～下午6点）、晚上（下午6点～睡觉时间），然后每天在这些时间点过去的时候，尽量详细地记下自己在这些时间段内的工作情况和状态，比如工作进度如何、精神状态好不好，尽可能仔细地写下来。

（2）这样持续记录两周的情况，记录完之后开始分析，把所有记录的情况用下面的问题来提问：

工作效率如何，高不高？

精神状态如何，是否有打瞌睡？

每个问题分为三个标记：低、中、高。再做一份同样的表格，把这些答案写进去，这样就可以一目了然地看到自己在哪个时间段精神状态最佳，工作效率最高。了解自己的最佳工作时间段之后，就要把那些重要的、花费时间长以及需要精力多的事情安排在这些时间段去完成。

在一天中，早晨是非常重要的。下面列出来的事情需要谨记：

①不要在即将上床睡觉时看电视。

②以 90 分钟为单位来计算睡眠时间是最好的，争取将睡眠时间定为 90 分钟的倍数。

③每天在同一时间起床。

④要整理好自己的屋子，屋内光线要好，充足的光线有助于使自己头脑在起床后更加清醒。

⑤睡醒后喝一杯水，尽快吃早饭。

趁着起床后心情爽快，可以出去慢跑半个小时左右，一边有节奏地慢跑，一边呼吸早晨清新的空气，对清醒自己的头脑很有帮助，注意跑步的时候要有意识地呼吸，不要快速地奔跑或喘粗气。早晨还是一个人一天中记忆力最好的时候，形象化记忆在早晨是最有效的，醒来之后躺在床上想一想今天的工作内容，这样有助于在工作忙得不可开交的时候缓解压力，重新找到有条不紊的感觉。早饭一定要吃，很多上班族早上起得晚，然后急匆匆地赶去公司，结果早饭不吃，导致上班时无精打采，无法集中精力工作，一直到中午都坐立不安，而且早上不吃饭的人一般中午和晚上吃很多，这样在进入中年之后就不好保持体重，容易发福。

找到最佳时间段可以说是在如此繁忙的生活中找到合理利用时间的一个重要方法，在不合适的时间做重要的事情充其量只能完成数量，而无法兼顾质量，这完全是吃力不讨好的事情。如果能把最重要的事情安排在最佳时间段，那么对减轻工作中的压力会很有助益。

6

高效利用早上和上午的时间

一年之计在于春，一日之计在于晨。早晨是一天的开始，也是高效工作的开始。早晨早点醒来，吃点早饭、做点运动，可以使自己的身心完全清醒。

早饭对于人体是非常重要的，吃过早饭的人，精神振奋；而没吃过的人则容易萎靡不振，精神也无法集中在自己的工作上，严重影响工作效率。

经过一晚上的睡眠，一觉醒来，做点运动唤醒自己的大脑，这时头脑就会非常清醒，记忆力也是最好的时刻。在心理学中有一种现象叫首因效应，指的是前面做过的事情对随后做的事情的影响。例如背单词，开始背的那几个单词人们记忆深刻，而后面背的却一个也记不起来，这就是前面背的单词对后面的单词产生了干扰。而早晨起来之后，什么事情都没有发生，所以对记忆没有什么影响。这个时候就非常适合制定自己一天的工作计划。

吃过早饭、运动过后，人们可以静下心来，在脑中仔细想想今天所要做的工作，形成计划。而这个计划不但包括一天要做的所有事项，也包括这些事情的运作程序与规则。然后将这些计划按轻重缓急的顺序排列，并在头脑中将这些安排想象成一幅幅图画，尽量使它们形象化。这个时候，右脑就会将这些图画记下来，因为右脑是图像脑，对于形象记忆最擅长，右脑将这些图像记下来之后就会铭记于心，然后形成一种暗示，从而对一天的工作产生影响。在头脑中计划完之后，可以把这个计划写在纸上，并完善每件事情的细节。

特别需要注意的是这个工作计划一定要将一天内的事情都分清楚，而且要将公务和私事区别开，不要让别人的时间影响自己的安排，不然容易影响自己的工作效率。

早晨的情绪状态同时也会影响人一天的情绪。所以早晨醒来后，要好好清洗自己的脸，对着镜子给自己加油，告诉自己微笑对待这一天。故而，不要以为早晨不重要，若想在一天中取得高效率，就要调整好早晨的状态。

高效的工作不但要重视早晨，还要高效利用上午。

一般人都认为上午是工作效率最低的，因为现在的人物质生活优越，夜生活也非常丰富，晚上睡得晚，早晨起得迟，所以很多人认为上午是效率最低的。其实上午虽然身体可能比较疲惫，但却是大脑高效工作的最佳时期。大脑就像一个数据库，经过了一晚上的休息，大脑里面的数据都处于一个井然有序的状态，这时候大脑条理清晰，工作起来就很容易产生灵感，达到高效工作的状态。然而到了下午，经过各种信息的碰撞，大脑已经处于凌乱的状态了，工作起来自然效率较低。

然而，很不幸，现在很多公司都将上午浪费掉了，他们将会议放在上午举行。会议一般都是为了总结工作或者安排新任务，原本早晨起来的时候就已经将一天的工作安排好了，却因为一个会议将整个计划打乱了，也错过了大脑的高效期，这其实是得不偿失的。对于这类会议，建议放在下班的时候进行，下班的时候开会不但可以使会议内容顺利进行，还可以提醒员工第二天或者最近一段时间将要进行的工作，这样方便员工对自己的工作作出安排。

所以，要想使工作获得很高的效率就要重视早晨和上午。将早晨用于计划工作，上午集中精力做好自己最重要的工作。

第四章

思维整理

换一支笔可以瞬间改写
财运"轨迹"

思维模式分为很多种，逆向思维、演绎思维、聚合思维以及发散思维等，这些思维模式之间也并非水火不容，在很多时候可以将几种思维模式混合起来解决问题。在个人或者企业的未来目标规划中，思维模式的运用恰当与否起着至关重要的作用。

思维就像一支拥有一种色彩的画笔，如果仅仅使用一种思维模式思考问题就像仅用一种颜色的画笔绘画，显得单一而缺乏想象力。当今社会中创新思维是职场人士最需要具备的思维模式，若缺乏多种思维模式，通常很难在工作规划中取得良好的成绩。很多时候，换一种思维模式，往往能够帮助人们在解决问题的时候出现"柳暗花明又一村"的感觉。世上无难事，只是看你能不能够想到，能不能够想到又取决于思维模式是否能够进行转变。

1

换一种思维更换一种财运

　　思维方式是人们在大脑内部活跃的形式，它决定了人的行为举止。可以说，一个人的思维方式决定了一个人的财运。思维创新可以打开自身的资本，在当代日趋激烈的竞争模式中，有自己独特的思维模式和见解，无疑在制定企业发展战略或是优化企业管理中可起到决定性的作用。而个人未来目标的规划、工作时间和效率都与思维密不可分，思维模式的不同，决定了自身财运的不同。

　　美国著名企业家鲁卡兹·卡罗尔·布尔在一次观看一个笑话节目时被逗得捧腹大笑，周围的观众也被演员精湛的表演水平所折服。绝大多数的人笑过之后就不会再想其他的事情，但是鲁卡兹不一样，他看见这么多观众被逗笑之后忽然想到这个"笑话"其实也能够成为赚钱的商品。之后鲁卡兹开始对这件事进行思考分析，最后，他在华盛顿成立了一家电话服务公司，而公司的主要业务就是通过电话带给别人欢乐。鲁卡兹从世界各地收集了五百多册笑话集，从中挑选出成千上万个精品笑话，然后请专家统一翻译为英语，之后聘请笑话演员将这些笑话讲一遍并用录音机将这些笑话记录下来。鲁卡兹和当地电话局的营业部门协商之后增加了一个特制的系统，用户只要拨打这个专用号码，就能够在家中收听笑话。

这一特殊的业务立即在华盛顿火爆起来，为了保证自己的专利，鲁卡兹在美国工业产业局进行了注册登记，之后随着生意的兴旺，鲁卡兹在美国拥有了十六家分公司，先后与三百多个城市的电话局签订了合同，在电话的使用说明中添加了这个特殊功能。此后，鲁卡兹的"笑话"电话服务席卷了整个美国，为其取得了丰厚的收益。在此基础上，鲁卡兹又开始向国外推广他的笑话平台，年收入多达三千多万美元。

鲁卡兹成立"笑话"电话服务的过程便是运用了思维中的创新思维和发散思维，随着经济的发展和信息化的普及，怎样从众多商业化模式中寻找出独特的、能够给予人商机和财富的方式，思维模式是决定它的关键所在。鲁卡兹先生正是运用创新思维和发散思维相结合的模式才使其公司成为全球闻名的成功企业。

思维的多样性决定了获取财富方式的多样性。每一种思维模式思考的结果可能都不一样，但每一种思维模式都能够打开自身的财富之门。锻炼自身的思维能够很好地帮助自身对财富进行定义，那么在锻炼自身思维的时候需要抱着怎样的心态呢？

首先，需要有欲望，欲望最初仅仅只是一种内心的想法，其无形无质是人所不能够触及的，要想让自己的欲望不止就需要建立自信，经常性地进行自我暗示，因此，建立自己的人生规划是很有必要的。人们可以从完成一个个目标的过程中获取足够的信心，从而使内心对梦想实现的欲望不至于枯竭。美国著名企业家埃德温·巴尼斯的成功正是因为怀着要与著名科学家爱迪生成为商业上的伙伴这一欲望，经过多番努力后实现的。巴尼斯认为，只有思维中蕴含了欲望，并且将毅力以及对获取财富的正确心态结合在一起，才能够获得最后的成功。

其次，在锻炼思维的过程中还需要有执着。不管是在完成工作或者思维锻炼上，执着都是必不可少的东西。1973年，比尔·盖茨和英国青年科莱特一起进入哈佛大学进行深造。大学第二年时盖茨劝说科莱特退学，并且全力开发一种财务软件。科莱特不同意，认为这是一种很不明智的行为。但是盖茨义无反顾地选择了退学进行软件开发。多年后，科莱特读完了博士，盖茨已经成为世界第二大富翁。

复合思维在思维模式中往往属于比较独特的思维模式，和创新思维一样，是生活中必不可少的思维模式，亚里士多德就是依靠了这种思维模式成为世人称颂的"百科全书式的巨人"。亚里士多德的特点就是思维的"复合"性，将多种思维模式融合在一起，然后形成自身独特的复合模式。亚里士多德以复合思维的模式综合了所学的知识，使其理论知识的起点远远高于别人。

在人生的规划中，也应当学习亚里士多德的复合思维模式，将多种方法复合然后形成属于自己的思维模式。思维只有不断地经过创新与复合才能够具备自己的特色，而不是走别人曾经走过的路线，生活中常常能有多种多样的灵感，善于把握灵感并善于利用灵感，必然能够打开自身的财富之门。在职场中创新思维也显得尤为重要，没有了创新思维，人类社会的进步必然会停滞不前。被人所熟知的热水瓶的发明其实比飞机、汽车还晚，这正是由于人们主观上的障碍才造成了这种情况。直至1982年，美国人杜瓦才发明了在试验中使用的保温瓶，但是并没有普及，之后德国人布格尔发现了实验室中的保温瓶的家用功能，从此热水瓶才从实验室中走入了千家万户。

由此可见，思维对人类社会具有深远影响，就个人而言，随时变换自身的思维模式不仅能够迅速解决在生活中遇到的难题，在创业、改变自身财运的过程中起到决定性的作用。除却思维上的学习和锻炼，还应当学会在脑海中系统性地整理一天所收集的信息和大量资料。很多小事情并不需要用笔记本或电脑来管理，而且如果任何事情都要通过记录进工作日程，那工作量必然是繁杂的。因此，在脑海中将这些琐碎的事情分门别类地进行整理归纳，利用大脑来保存这些信息，在必要的时候从脑海中取出，这便是整理的艺术。

实际上，生活中琐碎的事情是非常多的，不可能在任何时候都将这些事情记录下来，这个时候就需要依靠自己的大脑来整理和保存这些信息了。能够巧妙地运用各种思维来对自己的人生进行规划，在大脑中将琐碎的事情排列整理好，就是打开自身财富的一把钥匙，只有保持清晰的头脑，才能够在商业的潮流中准确地抓住时机并进行准确的判断。

2

在无意识中进行自我勉励

在整理思维的过程中，充分调动脑海中的知识是整理学的关键所在，思维的方式千变万化，以独特的思维进行问题的处理，往往能够出人意料地让人大吃一惊。如何处理自己大脑中杂乱的信息，从另一个通道打开通往财富的大门，是在学习整理术的过程中必须学会的一点。

对于自身不理解的东西，暂时将这种东西存储在脑海。人们在工作或者生活中往往会遇到一些无法解决的问题，并不是所有事情都能够通过参考别人的经验取得答案，有些问题是特殊并且独特的，因此没有任何渠道可以获得自己想要的答案，即使有答案，可能答案也并不是我们料想之中的。越优秀的人才，对在工作的时候追求"答案"的完美性要求就越高，如果最后还是不能够找到让自己满意的答案，这样的人往往会将这个问题暂时储存在脑海。但并不是所有人都能够做到这一点，有些人如果在最后依然找不到答案之后就会放弃对这个问题的思考，完全将这个问题抛出了脑海，这样则无法调动大脑的潜意识进行思考。

耶路撒冷希伯来大学的瑞安·哈森博士与其同事就人的潜意识能否处理问题进行了研究。哈森认为，在进行普通计算的时候，例如计算

"6+9=？"，碰到这个问题时，人类的大脑能够下意识地处理这些问题，并不需要通过计算来求得答案，因此，在人的潜意识中，大脑足以进行阅读和计算，这项发明被哈瑞命名为抽象思维。

在这次试验中，志愿者通过一种称为连续闪动抑制的原理进行测试，在试验中，志愿者的两个眼睛可以看到不同的东西，他们的左眼能够看见迅速变化中的彩色图形图案，而右眼则显示一个算术公式。志愿者的意识被看见彩色图案的眼睛所支配，因此计算完全是潜意识的。在第一项试验中，四个数字之间的简单运算会在志愿者的右眼闪现，同时左眼闪现出一种变化的图案，之后双眼同时出现一个数字。测试者需要快速说出最后在双眼中出现的数字，测试发现，当这个数字是之前右眼计算后的答案的时候，志愿者的反应速度明显要比之前不是正确答案的数字快得多。因此，哈森博士判断，在人类的潜意识中便计算出了答案，所以看到正确答案的反应才更快。

在另一项实验中，志愿者将无意识看见的一组有逻辑和一组无逻辑的句子，比如"我看见了杯子"和"我闻到了杯子"。这两个句子会不断地在右眼闪现，直到他们注意到两个句子之间的差别。测试结果为人们能够很快地注意到无逻辑结构中句子中的单词，这说明在人的潜意识中，人类的大脑已经对这些句子进行了处理。实验证明，在人的潜意识中，依然能够对问题进行分析和处理。

无意识即人类大脑中的潜意识，它能够接受人的任何想法，同时受到逻辑性和社会性的局限，但它并不受推理的限制，因此，它并不会与给它传输的东西进行争辩。要知道人体的大脑储存了足够写八千多万本书所记录的信息量，在清醒的意识下能够调用的仅仅只有一小部分，而埋葬在其中某处的，可能就有解决问题的办法。那么，如何将人类潜意识中储存的知识唤醒就显得尤为最重要了，否则解决问题的办法可能会在脑海中沉淀直至消失。

这里，重点在于将问题放在脑海去思考，这样潜意识才能够发挥作用，在问题无法解决时存入大脑。人类的大脑在整理信息的过程中往往是无意识的，就像小孩子在学习母语的时候往往并不是通过意识刻意学习的，而是在潜意识中自然而然地学会。大脑中琐碎的信息也是如此，在不知不觉中进行着整理，但是首先需要将问题存入脑海。

大脑是人类处理信息的整理器，只有将数据传输进大脑才能够进行处理，因此，经常性地将无法处理的事情存入大脑，也是解决问题很好的方式。在睡前或者散步时将一天的信息进行回想，促使大脑对一天中琐碎的事情进行整理，只有先整理好了自己的思维方式，才可以养成良好的生活习惯，而良好的生活习惯，无疑是通往财富之路的捷径。心理学家证明，人类的大脑和冰山是相似的，一座冰山的四分之三都在水面之下，只有四分之一在水面之上是可见的。而在人类的大脑之中，可见的部分是帮助人进行推理判断的部分，而剩下的四分之三则是大脑自动处理问题的部分。由此可以推断，潜意识对于科学家们取得成就具有不可磨灭的重要贡献。真正获得成功的人都善于让潜意识帮自己处理问题，直到被外界知识触及而豁然开朗地解决了问题，这都是潜意识的作用。

运用无意识的状态来进行致富的最直接的方式是不断地对自己进行暗示，暗示自己一定能够赚取足够多的钱。世界上有许多令人感觉受挫折、不安和无能为力的事情，有些人总是认为自己对任何事情都无能为力，这无疑是陷入了一种潜意识的负面作用。因此，学会积极地进行自我暗示是锻炼自身思维承受能力必须学会的技能。进行正面的自我暗示，训练自己的自信心，训练如何才能够赚钱致富，在失败中体验成功。自我暗示的使用是人生中必不可免的，应学会、悟透的技能。

在进行自我暗示时，一定要认识到潜意识的重要性，在其过程中应当重复进行自我暗示，大量的重复足以明显地提升一个人的思维深度和自信心。在自我暗示的时候，还可以运用神经语言模仿成功之后的状态，无论是有声还是无声，通过适当的运动改变神经系统，从而使个人的精神状态每天都能够处在一个饱满期，并为自己寻求一个偶像进行模仿。

当然，进行自我暗示的过程中最重要的还是要有一颗坚持不懈的心，要相信自己付出的努力一定能够获得成功，可以打开自身的财富之门。无意识中进行自我暗示比意识状态下的力量要大得多，只要能够不断地进行自我暗示，培养出对工作的激情和上进的生活态度，就为改变财运奠定了基础。将每天琐碎的事件存入脑海，依靠无意识对这些事情进行整理。当日事当日毕，将大脑进行放空，不要被太多的事情羁绊，才能全身心地投入到工作中，实现一个又一个目标。

3

推倒思维定式里的墙，才能改变财运

人们在工作和生活中缺乏创新最重要的原因之一就在于思维定式。思维定式是指在生活状态中，由过去对事物的认知影响当前认知的一种稳定性思维形态。思维定式往往包含了经验性和合理性。但也包含了巨大的惯性和自我思想的封闭，无形中形成思想的枷锁。良好的习惯能够让人高效地解决问题，而不好的习惯很可能会形成思维障碍，甚至使个人的缺陷暴露得更加明显。这就需要我们打破思维定式，突破原有的思维进而提升创新思维。

思维定式具有多面性，即很多方面都可能蕴藏思维定式，因此，在思索问题的同时应尽量避免思维定式给人带来的局限。

法国著名科学家法布尔，在一次户外活动中发现了一种很奇特的昆虫，这种昆虫有一种"跟随"的习惯，即它们外出寻找食物时总是跟随在另一只同类的后面，从来不曾改变过思维方式，从另外的方向寻找食物。于是，法布尔花费了大量时间捕捉了很多这样的昆虫，并将这些昆虫一只只首尾相连地放在了一个花盆的周围，在离花盆不远的地方放置了昆虫爱吃的食物。一个小时后，法布尔前去观察，发现昆虫还是一只接着一只不知疲倦地围绕着花盆旋转。七个小时后，法布尔又一次观察时，发现昆虫依然如此。一天后，法布尔再一次进行观察，发现昆虫仍然一只接一只地缓缓爬行着。三天后，法布尔去看的时候，发现所有的虫子都首尾相连地累死在花盆旁边。

昆虫至死都未敢越雷池一步，倘使它们能够打破思维定式，换一种思维模式，就可以找到自己喜欢吃的食物，就不会可悲地死在自己喜欢吃的食物旁边。

很多人在生活和工作中同样如此，无法跳出自身的思维定式，一条道走到底，等到摔得头破血流的时候又感慨成功太难，从而丧失信心。世界上的事情有时候并没有想象中那么复杂，若是一味地墨守成规，等到的只能是失败。但是若换一种思维方式，可能会有柳暗花明的感觉，通过锻炼自己的思维，在传统思维模式上进行创新，就能够获得成功。

思维定式最显著的特点，就是没有自己的主见，人云亦云。产生思维定式的原因首先是对事物的认知能力比较差，没有自己独特的见解，只能附和别人的意见；其次是因为对自己缺乏自信，即便在自己的思想观念中有另外的想法，但是因为不自信而不敢表达出来，久而久之，思维就逐渐僵化连自己的想法都没有了；最后是因为一个特立独行的人往往容易被人认为不合群、古怪等，即所谓的"木秀于林，风必摧之"，由于考虑到周围环境的压力而使自己的创新意识逐步泯灭，美国最伟大的科学家爱因斯坦小时候就被人认为性情古怪，善变。

从这几个原因出发，就能够找到打破思维定式的方法。

首先，要学习和思考。学习和思考在人生路上是必不可少的，要养成自身勤于学习和思考的习惯。

　　只有通过不断的学习，才能对一些问题有自己的理解和判断，如果对一件事情本身就不了解，那么就谈不上自己的见解了。根据自身对事物的理解，摆脱思维定式的方式，用自己独立的思想和清晰的理论步入集体生活中。特别是就投资理财来说，只有通过不断的学习并形成了自己的见解才可以获取足够的利益。

　　但是在学习的过程中，需要警惕书本型的思维枷锁。书本是前人所遗留的宝贵经验，从中能够学习很多自己不知道的东西。学习中要防止被"标准答案"所禁锢，大家都明白孩子的创造力是无限的，他们脑海中总是盘旋着被成人们认为是稀奇古怪的想法。有位老师曾经做过一个实验，在黑板上用粉笔画一个点，高中学生异口同声地回答是粉笔点，他又来到幼儿园问学生同样的问题，孩子们的回答五花八门，有芝麻、天上的星星等许多新颖的答案。

　　两者之间进行对比明显地发现，学习的知识越多越容易被思维定式所禁锢，这时候更容易形成一种思维惰性，形成一种在思维惰性上的标准化思维，即缺乏创造力，只能够按照已有的思维方式处理问题。因此，在学习过程中，让自己从另外的角度和方面去思考，这样选择就会更多，眼界也就随之高了起来。

　　其次，相信自己。要想改变自身的财运首先就需要制定目标，而制定目标的目的就是为了能够在实现目标的过程中获得足够的满足，从而培养出自信心和处理事务的果断能力。要敢于走别人所不敢走的道路，培养自身判断是非的能力和自信心，在职场中还需要准确地判断出上司所需要达到的最好效果是什么。要始终相信真理是掌握在少数人手中的。古往今来，能够获取大量财富并走上顶峰的人少之又少，正因为只有他们可以在诸多商业道路中找出商机，并坚信自己一定是对的。只有和这些成功人士一样才能够真正地打破思维定式，开拓思路，获得事业上的成功。如果在工作过程中不敢冒险，别人怎么做你也学着怎么做，那么你的职场生涯会没有丝毫色彩。

再次，改变自身财运，打破思维定式还需要培养自己的心理承受能力。要知道，任何职业规划或者生活都不是一帆风顺的。在工作和生活中总是会碰见许多异样的目光，特别是在培养自己的思维和见解的时候，在别人眼中总是会有另类的感觉。但要相信每个人都有自己的生活方式和学习态度，理清自己想要的是什么，明白自己所追求的到底是什么，这些方式对自己的成长和生活有什么帮助。

如果你坚信这样能够使自己成长，并帮助自己朝着梦想前进，那么就不要理会别人怎样看待自己。因为在事业中永远只有自己足以成就自己，在思维上被"孤立"不见得是坏事，勇于创新的人往往能够在别人的诧异和惊叹中获得成功的满足。

最后，打破思维定式需要勇气。因为在理财方面，越富有创造性的东西，需要承担的风险也就越大。因此，不断地去尝试新事物，运用不同的方式去解决问题，需要勇气承担比循规蹈矩者大得多的风险。但是在现实社会生活中，很多问题的解决，比如广告创意、规划设计图等都需要源源不断的灵感。

如果不能打破这种思维定式，则可能令自身的职场前途暗淡无光。学会冒险、应变，突破自身的思维定式才能够开拓更广阔的天空。

在商业竞争中尤其需要多方面地进行思考，打破定势思维才能创造出好的业绩。比如，很多商店都为找不出零钱而苦恼，但是有些商店主人却能够别出心裁地想到在百货公司营业厅的收款台设立了一个抽奖处，顾客每付一元就可以在抽奖台抽取一次礼物，这样不仅解决了零钱的问题，同时还满足了顾客以小钱换大钱的心理，并为商场增加了一份额外收益，可见，灵活地运用思维能力并且打破思维定式对改变自身的财运具有重要作用。

4

磨砺思维之剑，打开财富之门

一个人的思维模式决定其成就，爱迪生说："成功等于百分之九十九的努力加百分之一的智慧。"可见，想要获得成功，打开财富之门、改变自身的财运，磨砺自身的思维模式是重中之重。那么，应该如何磨砺自己的思维模式呢？

（1）调整自己的心态。心态决定了一个人为了成功可以努力多久，在锻炼思维模式中其作用亦如此。人生有一帆风顺的时候，自然也会有充满坎坷的时候，但不管是在什么时候都应该学会保持良好的心态，心态是成功者必备的因素。在目标没有达成时可以想想一个人由生至死，不可能所有的事情都能够尽善尽美，在得到什么的时候必然会失去什么。事物的存在必然有其两面性，因此，磨砺思维模式，需要从内心开始。树立必胜的信念在调整心态的时候也尤为重要。只有在奋斗过程中不断地挖掘和战胜自己，才能有足够的毅力和勇气推开沉重的财富之门。

（2）思维模式的多样化形式能够让人从多个角度思考问题，熟练地运用各种思维模式，就等于多个大脑同时进行思考。有知识的人并不一定是聪慧的人，而聪慧的人如果没有好的思维模式恐怕也只能与成功失之交臂。有这样一个问题，珍珠是什么？在贵妇人眼里，珍珠是戴在身体某个部位的装饰品，象征着独特的身份；在化学家眼里，珍珠是一种碳酸盐和碳酸钙相混合的物质；在生物学家眼里，珍珠是贝壳类生物分泌出的一种产物；在浪漫的作家和诗人眼里，珍珠是大海的眼泪。可见，同一件物品从不同的视角能够成为不同的东西，而解决问题的方式也是这样，同一件事情如果从不同的角度去思考，通常会有很多不同的解决方法。财运也是如此，运用多种思维方式才能够打开属于自己的财富之门。

一个年轻人在英国首都伦敦面试时屡次碰壁，一天，他走进了世界著名报纸——《泰晤士报》的编辑部。年轻人非常客气地询问招聘主管是否需要编辑或者记者，对方看了看这个年轻人，礼貌地拒绝了。但是年轻人并没有放弃，接着询问主管："那么，你们这里需要排版和校对吗？"这时招聘主管已经显得有些不耐烦了，说不需要。年轻人微微一笑，从背包中拿出一块制作得很精美的告示牌交到对方手中，主管接过来看了看，只见上面写着："额满，暂不招聘。"

招聘主管被这个年轻诚实又聪慧的求职者打动，破例对他进行了全面考核，结果，他幸运地被录用了。机遇总是垂青有准备的人，在求职过程中善于变换自己的思维，用绝处求生的创新思维打动别人，赢得展现自己才能的机会，成功往往会在一次次失败后降临。

（3）三思而后行。几乎每一个人都做过令自己后悔的事情，是人都会犯错，人非圣贤，孰能无过？真正善于转换思维模式的人会尽可能地少犯错误或者不在同一个地方重复犯错。

有一个男孩脾气不好，他的父亲给了他一袋钉子，并且告诉他从今以后每发一次脾气就在墙壁上钉下一枚钉子，第一天，小男孩在墙壁上钉下了 24 枚钉子，慢慢地，小男孩发现控制自己的脾气要比钉钉子简单得多，于是他便开始控制自己的脾气。终于，这个小男孩学会了不再乱发脾气，便去告诉了父亲。父亲说，从现在开始，每当他能够控制住自己一天都不发脾气的时候，就从墙上拔出一颗钉子，过了很久，男孩终于将墙壁上的所有钉子拔了出来。父亲看着那面墙壁语重心长地说，能够将所有钉子拔出来确实很不容易，但是，墙壁上的洞却不会因为钉子被拔出来而回复最初完好无缺的样子。这就和发脾气是一样的，一个人生气的时候说的话就像这些钉子一样在人的内心深处留下了疤痕，不管说了多少次对不起，那个伤口还会存在。

无论是在生活中还是工作中，人们犯下的一些错误往往不会随着时间的推移而被别人淡忘，甚至很多错误是难以挽回的。人与人之间因为某些无法释怀的原因，而造成永久性的伤害事件并不少见。

因此，为了避免类似情况的发生，人们行动之前必须要考虑到三个问题：

第一，做什么？无论是在生活或者工作中，不少人接到任务、遇见问题的时候，想都没想就一头扎进问题中去，做到一半时才发现走错了方向，从而浪费了大量的时间与精力。一步走错可能会带动之后的全部错误，并且需要自己回头一步步进行纠正。可见，想好了再做，是积累财富的起始。

第二，怎么做？知道自己在做什么并不难，难的是如何解决一个个问题。很多人在工作中往往由于知道了做什么之后不假思索地投入到工作中，却总是取不到良好的效果，最后吃力不讨好。

第三，如何做到最好？做到比自己以前更好，是一件很难的事情。但是成功者之所以能够成功也总是源于此。一个人要做到最好，需要有方法、决心和高度的责任感，缺一不可。一件事情能不能做到最好，决定了一个人在工作中的地位，是精英还是庸才。

（4）有舍有得。在锻炼思维能力时，时刻牢记有所失必然有所得，放弃有时候往往是另外的一种选择。爱迪生曾经说过："没有放弃就没有选择，没有选择就没有发展。"人的时间和精力毕竟是有限的，因此，学会放弃那些不需要的，或者对自己而言不重要的东西，是锻炼思维模式必须经历的过程。

致富，其实是一个心理过程，聪明的人总是能够看到别人看不到的机会，进而把握住时机。而没头脑的人却总是不能发现属于自己的财富。思维的改变也是一个人魄力的养成，有魄力的人相信，只有自己才能够创造自己的人生，为自己打开一扇财富大门。

5

思维整理：清空你的大脑，规划生活方式

在生活或工作中，因为有太多不确定的事情使人的大脑陷入一片混乱。那么，什么是不确定性事件？

比如，当人们想起信用卡即将扣除年费或应该去存钱了，这种情况下如果不能够及时地将这些事情记录在电脑或者笔记本中，之后就会经常回想起这件事情，在工作期间或者担心自己会忘记这件事情，甚至有时会强迫自己停下手中的工作，找出自己曾经的信用卡使用记录，进行金额上的核对。当完成这些事情之后，通常还不能静下心来继续完成工作，总会无法控制地懊悔不该花的钱花太多，或暗自下决心下个月少花些等。

日本脑神经专家筑山先生在研究了这种情况之后给健忘的人提出了一些建议：在日常生活中养成良好习惯，尝试去创造一种自身能够接受的环境，然后再慢慢接受这种环境，养成良好的习惯。要想让自己专注于眼前的重要工作，就要将大脑中的信息清空，不让自己被脑海中凌乱的事情所羁绊，使大脑处于一种空荡的状态。这种空荡就是指脑海中并没有许多必须时刻要记住的事情，从而可以专注到工作中去，这就是所谓的大脑放空状态。

　　那么在职场生活中如何进行思维整理，清空自己的大脑呢？

　　首先，将自己认为必须完成的事情和需要记住的事情记录在电脑或笔记本上，将需要立即完成的时间显示出来。完成了一件事情之后可以将这件事情删去，电子邮件往往会自带记事本的功能，这种记事本能够很好地记录任务进度。尽量将所有的任务都记录在记事本中。只要是有可能遗忘的任务，都要全部记录到里面去。

　　之后，对这些事情进行项目性的规划、制定方案。对于开会这些重要工作要标记在醒目的位置，之后再将存款记账、发邮件、购买物品这些简单的工作记录下来，最后是个人琐事，并按轻重缓急进行一个排列整合。这样，在生活中就没有大量需要记住的事情，大脑的思路清晰，逻辑性能够得到显著提高。将大脑中的思绪整理完毕后，就不需要花费大量的时间回忆，可以有效地将自己的注意力放到工作当中。随着一件件事情的完成，一个个任务从"即将"完成的事件中消失，这无疑能够让人们在其中获得一种满足感，这种满足感就能渐渐地化为成就感，帮助人们形成对生活和工作的信心。

　　当人们在观看记事本时除了关注哪些事情必须马上完成，还可以思考哪些事情不需要自己亲力亲为，对于没有必要亲自做的事情，可以尝试将它们委托给其他人。事情从总体上来说可以分为操作型和思考型，操作型的事务大多数都是例行事务，通常技术含量不高，比如整理文件、购物等，即便是亲力亲为，也不一定能够完成得比别人好。正因为如此，在处理问题时不妨将这些事情交给别人来做，从而使自己在处理思考型问题时能够完成得更好。不妨将这些事情委托给"小时工"，期间，可以利用这段时间对思考型事务进行更深刻的思考，提升自身的感性认知。特别是如果花钱雇佣"小时工"，往往会让自己觉得这段时间是花费金钱才获得的，因而更加努力地完善规划。

将工作委托给别人的时候，其实就是运用了一种简单的公司制度的组织方式。这种方式能够培养一个人站在管理层对问题进行思考。运用这种思维模式再回到记事本上，就发现记录的事情可以进行细分，这样就能逐步地完成。甚至在必须的时候能够为自己制订出"预备时间"和"处理时间"，以此来调配时间，更好地规划和处理工作。这样处理下来的记事本与之前的记事本相比，使用这种记事本进行工作的效率高得多。

在创业之初，这种运用记事本的良好习惯往往可以帮助一个小型公司不断壮大。比如，在对新项目进行创意探索的时候，大脑在很多时候往往想不出实用型的计划，因此，这可以运用将记事本进行规划的方法。进行项目开发时思考的问题往往有：这项规划能否给自己带来愉悦的心情、市场发展的前景如何、是否能够带动其他业务、是否对自己有益等，这些问题毫无疑问都是源于对大脑进行清空这一细微的生活习惯。只有在生活中将自己的大脑放空，在思考时才不会为生活中许多零碎的事情所羁绊。

最后，在进行大脑整理时做自己喜欢的工作。除了工作之外的时间能够干什么呢？可以和别人出去吃饭、锻炼身体或者看一些书籍等，在这些活动中，选择能提高自己积极性的事情是提高工作效率的重要一环，同时也是大脑难得轻松的时刻。一个人倘若长久地处于工作之中难免会产生厌倦感，大脑的放松是最好的休息模式之一，在上班前抽出一段时间，去自己喜欢的地方或公园喝杯咖啡，往往能够帮助自己比在办公室中想出的创意要多得多。原因就在于大脑放空了，自身的思维模式得到了解放，在解答问题的速度上自然要快人一步。此刻，财运就在不知不觉中无形地改变着。

　　所谓的规划，是指无论是谁，不管实践了多少次都能够得到的一种系统性的方法，方法与方法之间通常可以进行相互的学习和借鉴。因此，趁着平时运用清空自身大脑的方式，好好地规划自己的人生吧。整理好自己的大脑并善于运用各种思维模式，成功就会自然而然地到来。

第五章

信息整理

一分钟改变财运要用好"外脑"

　　当今社会，谁掌握了最多、最好的信息，谁就有可能是赢家。而且，信息的不对称与财富分配不均也有重要的关系。信息的获得与整理，以至有效利用，已成为成功的关键所在。然而，现在社会是个信息爆炸的社会，每秒钟就有数千亿条信息产生，如何从这么巨大的信息中获得并利用有效的信息呢？如果仅靠人的大脑，仅靠亲身的经历，那么往往将无疾而终。因为人脑的可用容量是有限的，人的精力也是有限的，庄子也说："以有涯随无涯，殆已"。所以，必须有效地运用好除了大脑以外的"外脑"。通过对"外脑"的有效运用来获得需要的信息，并有效地整理与运用这些信息，这样才能获得成功，收获财富。

　　有人认为，拥有了电脑就可以像古人说的那样"秀才不出门，全知天下事"，其实不尽然。但不可否认的是，现代人要想有效整理、利用信息，必须合理有效地运用好电脑。然而，光靠电脑是不够的，"秀才"还必须走出门，与外界进行沟通，通过自己的感知来获取有效信息，提高信息的吸收能力；走出门去才可以真切地知道什么是自己需要的信息。

　　也可以说，得信息者，得天下。唯有有效整理信息，运用好"外脑"，走出大门，提升信息的吸收能力，提高信息的获得与利用效率，才能够稳坐天下，运筹帷幄，而后坐拥财富。

1
信息的获取与整理

在经济学中有一条盛行的法则——"20/80 法则"（即二八定律），意思就是说 80% 的利润是由 20% 的客户带来的，80% 的财富集中在 20% 的人手中等。这个法则说明：最重要的东西往往就是那很少的 20%。这个规律在市场交易中适用，对于信息来说也一样适用。尤其是科技化时代造成了"信息爆炸"，从电视、报纸、网络等媒介上获得的信息再多，能够真正用到的最多也只有总数的 20%。

现代科技的发展，使信息泛滥，而在信息的洪流中收集获得自己需要而且真正对自己有用的信息也就成为一种有利于商业发展的技能。单单获得有用的信息是远远不够的，懂得整理好有用的信息也是很重要的一方面，所以说，获得信息和整理信息关系到财运是否亨通。

信息的整理就是需要用到 1 分钟的整理术，有效地收集信息并且及时对信息进行高效整理，从而能够很好地利用，这是保证财运亨通的重要因素之一。

虽然收集的信息中真正有用的信息量少之又少，但是某种程度上讲，总量愈多，有用的信息也就会愈多，因此，大量地收集信息是第一步。

　　要想大量地收集信息，就必须保证信息来源的通畅不受阻碍。收集信息也是有方法的，如果全部的信息都要自己动手收集，那样太耗费时间而且效率不高，所以，最好的办法是让信息自己自动地出现在我们面前。以前这种想法是不可能的，但是在科技发达，信息量爆炸的时代，你只要守在电脑前，选择好新闻网站，隔一段时间去查看一下，就能够发现，近期出现的新闻、信息全部都在这个网站里了，根本不需要自己亲自去收集。而且，读取信息的时候，也不需要花费太多的时间，只挑拣对自己有用的、有价值的信息就可以了。

　　在网上收集信息有很多种方法，比如用邮件、博客或者新闻网站等，有了大量的信息，之后就是对有用的信息进行筛选。

　　因为信息一直在不断地更新，如果需要查阅的网站比较少，去确认信息是否更新的工作量并不是很大，可是，如果网站多过了十个，单单是确认信息是否有更新这一个环节就是一个超大的工作量，而且还是没有效率的工作量。所以，一定要掌握搜索方法，比如，直接搜索关键字，显示的就是需要查找并且有用的信息了。而且还可以按要求或喜好对它们进行自由的排序、标号。

　　如果需要在某种特定的领域收集一些资料信息，或者想获得比报纸上更加详细的内容，就应该选择杂志。阅读杂志和报纸有一个相同点，就是首先都要浏览标题，筛选出对自己有用的信息。而今，杂志、报纸都出了电子版，阅读更是随时随地。如果找到了对自己有用的信息，就将它们复制，粘贴到自己的电脑上存档。电子杂志或者报纸都可以订阅，我们在工作过程中会出现一种情况：用电脑工作的人会在工作中突然收到自己订阅的电子杂志，就会随手点开进行浏览，这样容易分神，不能集中精力工作，降低工作效率。为了减少不必要的时间浪费，可以申请一个专门接收订阅电子杂志的邮箱，而且规定这个邮箱只能在下班之后才能点开查看。浏览邮箱中的信息，大致过一遍就可以，不需要花费太多的时间，除非是一些对你工作有用的信息。

对于各个领域的信息进行广泛的收集很重要，但是，有目的地去收集一个特定领域的信息也是非常重要的，对于特定领域收集的信息更加专业化，而且利用率很高。比如，金融、环保、美食、旅游等这些特定的领域。有目的地进行收集同时有利于对信息的整理和整合。特定领域获得的信息自己最关心，而且内容详细，不会让你有一知半解的感觉。所以，对于收集好的信息，分主题、分领域地进行整理能够提高工作效率。进行信息整理时，要确定主题，它可以充当过滤器的作用，在信息的洪流中过滤出来和主题有关的信息，无关的信息则全部忽视掉。这也是搜索信息时能够提高信息准确率的方法。

当然，在收集或整理有用信息时，也可以使用专门的软件，比如"专用摘录软件"，它可以为你提供方便，提高工作效率。为了不忘记重要的信息，可以在电脑上设置"回顾"，这个功能能够定期提醒你查询信息，是一个很实用的功能设置。

2

整理信息，提高效率要用好电脑

现如今，我们的日常生活和工作中，都已经普及了电脑办公，大量的工作数据和生活信息都可以用电脑来存储和处理。科技飞速发展，电脑的性能越来越好，容量也越来越大，这给人们的生活和工作带来了很大的便利。

用一句很时髦的话来说，电脑可以让我们的工作和生活更容易实现"程序化"。这只是理想化的诠释，其真实情况并没有人们想象中那么完美。拿现在用电脑的人跟以前不用电脑的人们相比，即使工作都变程序化了，用电脑的人并没有多少人会觉得工作更轻松简单。可能会有人争辩说，这是因为电脑的普及使得人类对于工作效率要求比以前高很多，工作量也增加了很多，不可否认，这确实是其中一个原因。但是，还有一个重要的原因，就是那些不认为工作轻松的人有电脑，却没有很好地把它充分地利用在提高工作效率方面。

有关统计资料表明，日本白领们的工作效率与国外相比要低很多。在日本汽车制造业中，丰田公司在世界汽车生产领域占领先地位，但是在办公室伏案工作的效率上，日本还称不上高效率，主要原因就是日本没有充分利用高科技设备。

与白领的工作不同，工人们在车间里，工作的绩效可以通过自身生产出的产品好坏来判断，而白领们的工作绩效却是要通过效率来决定的。一个白领每天端坐在电脑前面，好像很认真地在工作，但是也许他的电脑中信息存放很乱，若要用到某个文件需要费力地去寻找，这不仅浪费时间还会影响工作的心情。

能够熟练地操作电脑等高科技设备，已经成为现代人必备的一种工作技能。但是，这还远远不够，要做到在熟练操作的基础上，充分利用和发挥电脑的功效，有效提高工作效率。这样就必须要求使用电脑的人对自己的电脑了如指掌，学会电脑中信息的整理方法。

对于日常的工作，简单的记忆或者业务作业等全部交给电脑来做，简单而且高效，何乐而不为。为此，要做到把所有电脑能够做的事情（信息整理工作）全部都交给电脑，电脑不能够完成的工作再交给人的头脑。

现代社会的商务人士把电脑当作自己的另一个大脑，人脑不擅长的长篇记忆和大额计算都可以用电脑来解决。电脑比人脑的功能先进，如果运用好的话，工作的效率会得到很大的提高。对于电脑信息整理，提倡电脑信息的一元化，也就是说，把所有的信息都集中于一台电脑里面，最好是不离身的电脑。需要的时候，电脑就在身边。有人很喜欢在办公室办公用台式电脑，外出出差办公带笔记本电脑；或者在公司用公司电脑，回到家用自己的电脑，这样用两台或者更多的电脑不但不方便，还会带来资源的浪费。如果有突发事件需要你手里的资料，而正好你人在外地，资料却在办公室的电脑里，很可能要耽误事情。虽然，有些公司规定公司电脑不能带回家私用，可是还是要尽量做到信息全部集中到一台电脑中，不然就容易发生以下的情况：

需要的文件信息自己都不知道到底放在哪台电脑里面了；

两台电脑里都存了信息，但是，不知道哪台电脑已经更新了信息，导致重复更新；

办公室电脑和家里电脑配置或者设置不一样，不能进行同样的操作；

两台电脑都存放一样的信息要花更多的时间；

很容易混淆办公和私人用途的电脑。

这样，不仅找信息浪费时间和精力，如果放进成本一起计算，一台电脑的成本远远会低于两台电脑。所以，还是要将电脑信息的整理一元化，这样可以减少很多浪费，而且可以改变坏习惯，改变财运。对电脑中信息的整理不仅要做到一元化，还要能够方便找出，不然，信息一元化的管理就失去意义了。在电脑技术中，现在只要用到"谷歌桌面"或者"Windows搜索功能"就能够迅速找到想要的信息。"谷歌桌面"有一个很明显的优点：它可以通过 Word 和 Excel 的文件名称进行搜索，更加精准；还可以用文件的内容进行查找，可以把浏览过的网页和邮件都列举出来；还有一个更加便利的功能，就是搜索缓存，只要缓存在电脑中就能够找到。

同时，还要让电脑变成一个合适的"秘书"，建议大家都用不被限制场合、时间和地点的便携式笔记本电脑，这样可以随身携带，方便掌握最新信息和进行工作。而且，在办公室如果嫌笔记本小，还可以自己连上外接型大屏幕显示器。

电脑中传统的保存信息的方法，比如设立文件夹，文件夹分类等，仍然是十分适用的。对于文件的分类，只需把文件大致分为几个大类别，比如：工作文件夹存放所有跟工作有关的文件信息。在工作文件夹里按不同的项目可以分几个小文件夹分别放项目资料；再设立一个名为生活的文件夹进行区分，存放一些与生活有关的信息。然后，大文件夹中一般也只要分为三类层次的文件就可以了，这样就会显得很有层次感，管理起来也很方便。

电脑桌面也跟办公桌桌面一样重要，如果桌面凌乱会影响到工作的效率。电脑桌面上布满了文件，不剩一丝缝隙，这样的状态下根本就难以分辨需要的那份文件在哪里。所以，电脑桌面应该文件越少越好，越整洁工作效率就越高，电脑桌面上不能超过10个大类的文件夹，并且都用快捷方式保存，这样只要点几下鼠标就能找到自己想要的文件。

电脑桌面上还可以放一些正在处理中的文件，将它们以项目名称进行分类，设立不同的文件夹。这样对提高工作的进度有很大帮助。当文件处理好了之后，一定要保存在分类的相应文件夹中。

整理电脑中信息的办法都是因人而异的，但是基本原则是不会变的——分类清晰，搜索不费时、不费脑子去记忆。这样才能够彰显电脑的强大功能，物尽其用。每个人都可以找到属于自己的最佳整理办法。电脑存储信息也不是一劳永逸的，虽然安全性能越来越好，但是运作不当也会出现故障，或者导致系统瘫痪，或者信息丢失都是有可能发生的情况，为了未雨绸缪，避免措手不及，应该把电脑信息进行备份，这是一个很必要的举措，买一个移动硬盘专门用于文件备份，可以很好地规避重要文件丢失的风险。

3

走出房门，通过外界提高信息吸收能力

在现代社会，出现了一种新文化——宅文化。它是一种现代人流行的生活方式。宅文化就是一个人不愿意走出房门，每天待在家里，运用网络等做自己想做的事情。调查表明，宅男宅女们不想出门的原因通常就是天气不好、出门很麻烦而且要花钱、想要玩电脑、喜欢安静不喜欢嘈杂、很自由、恋家等。现代社会，网络的发达使人们的交际范围看似很广，实际上是被禁锢了。因为生活节奏快，没有多少时间可以让人们结识新朋友。所以，即使在网上也都只有固定的朋友圈子。社会学家研究发现，出现宅男宅女的主要原因是因为现代生活的压力太大，年轻人越来越热衷于沉迷网络中的各种事物，变得缺乏理想，社会生活能力、吸收外界信息能力缺失。他们白天工作只是埋头苦干或疲于奔命，晚上回家后便足不出户，这也是现代年轻人面对压力的一种自我调节方式。

人们长时间宅在家里可能会引发一系列问题。在身体上，可能会患上各种疾病，身体处于亚健康状态；在心理上，会产生压抑情绪、抑郁症。而且，"宅"还会让人脱离社会交际圈，与人缺乏沟通，人情淡薄，慢慢地脱离社会，学习、吸收信息能力下降甚至逐渐消失。要想解决"宅"

的问题，就要走出房门，与外界多交流，提高自己吸收外界信息的能力，从而改变自己的财运。

小璐是某家文具公司的行政文员，她是一个名副其实的宅女，只要一下班进家就绝对不会再迈出家门一步，而且在家什么家务都不干，一直抱着电脑玩游戏，吃饭都是靠外卖解决的。有一天，同事给她打电话，通知她公司晚上有一个聚会，要她一定到。同事还透露说，老总可能会发奖金，说是为了慰劳最近大家辛苦的工作。开始时，小璐对奖金动心了，可是一直纠结着自己已经开始了的游戏，她在两者间难以抉择，最终，她还是不忍心放弃自己的游戏，于是放弃奖金继续苦战。同事中途还打电话来催她，可是当时她正玩得激烈，连电话都没接。第二天上班，刚进到公司，同事就围上来，跟她说："小璐，你知道你损失了什么吗？昨天晚上叫你过来你偏不来，电话都不接，你到底在干吗啊？昨天老总特意表扬了我们这一组，决定给我们在场的员工奖金每人多加1 000元！不在的人都没有份，其他人不知道这个消息还情有可原，你太可惜了。"在同事的惋惜声中，小璐也十分后悔。

相信小璐如果选择走出房门，去参加公司的聚会，她就一定能够得到那额外的1 000元奖金，可是，小璐并没有这样做，她还是选择宅在家里。所以，一定要走出房门，接受外界的信息，财运才会光顾你，才能拥有让自己改变命运的机会。

走出房门，与外界接触，能够接触到各种信息，但是吸收信息一定要有选择性，只吸收对自己有利的信息或者自己关注的信息。吸收到的信息要通过合理运用才能够发挥它最大的效用。

关于信息的吸收和运用，可拿来运用的信息是无穷的、非常广泛的，但是，只有放弃先入为主的成见才能够进行灵活的吸收和运用。

电脑属于人脑之外的"外脑"，用于商务工作简易操作。它拥有强大的存储信息功能，但是存储的容量由不同的产品容量所决定，再怎么大的存储容量，存储空间也是有限的。然而，人脑结构是非常完美的，它可以吸收和存储无数的信息并且进行无限次的循环运用。这种运用是发生在理想的情况下，但如果我们可以更加了解自己的大脑结构，善于运用，就可以使记忆和运用信息能力大大提高。

对于外界所有信息的吸收，都是经过某些途径进入到人的信息储备中心——大脑。而所指的途径，也就是人体的感知器官：眼睛、耳朵、鼻子、皮肤、四肢等。当外界的信息通过这些感知途径形成了某种意识形态进入人脑，并伴随我们情绪作出相应的反应，也就说明信息被大脑吸收了，并形成了记忆的内容。

人脑对于信息的收集和运用过程比较复杂，而"外脑"——电脑却有属于它的程序，进行简单的机械操作就可以了，所以，相对而言，电脑比人脑更利于信息的收集、存储和运用。可是，对于外界的信息吸收还是要靠人脑进行，电脑是被操作的机器，人脑有吸收信息的功能，而电脑是没有自动吸收信息功能的。我们需要运用好人脑进行外界信息的吸收，并通过对信息的运用和整理来改变财运。

然而，吸收外界的信息，是一定要走出房门的。"只有走出房门才能看到商机"，这是成功的商业人士陈邑说的话。他原本是一个高中毕业就出来深圳打工的打工仔，但在打工过程中他掌握了许多的商业信息，并且从中吸收到很多经验教训，整理成自己的一套信息系统，所以，经过自己的努力白手起家，创建了属于自己的宏伟事业，成为物流企业的创始人。

开始的创业过程是很艰难的。万事开头难，在还没有找到商机之前，是一个艰难的过程。陈邑当时在快餐店里做服务员，他计划先攒足够的钱作为自己将来创业的本金。在做了两年的服务员之后，他的经济情况没有太大的改变，让他很不满，他意识到一直这样下去，自己不可能会成功。所以，他毅然辞去了工作，跑到大街上从摆摊做起。

虽然每天都要面对城管的追逐、驱赶和竞争者的挑战，陈邑一直坚持着自己的梦想，风雨无阻。他性格开朗，喜欢和旁边的人或者偶尔驻留的顾客天南地北地聊天，这个习惯也帮助他收集了很多信息，平时自己有空就会看不知道从哪儿来的报纸，即使是旧报纸，他仍看得津津有味……在一个很偶然的机会，陈邑遇见了一个人，也就是这个人给他提供了期盼已久的信息。那天，陈邑跟往常一样摆摊，走过来一个中年人，手里拿着一个盒子，看起来很贵重的样子。陈邑看那中年人很是着急的样子，好奇心就来了，他上前问道："大哥，看你急急忙忙的是出什么事了吗？有什么能帮你的？我对这一带很熟，有需要你尽管问我。"中年男人看着陈邑很质朴忠厚，回答道："确实是出了点事，我刚到这边，不熟悉路，可是我答应了朋友帮他把这个东西交给一个人，本来是抄好了路线图的，可是中途给弄丢了，一路问了好多人才来到这里，可是没有找到地方……"中年男子用手指了指自己手里的盒子对陈邑说。陈邑问了问具体地址，一听才知道是一个很偏僻的地方，不是对这一带非常熟悉的人很难找到这个地方，陈邑告诉了中年男子大概方向和路线，说完后，陈邑看到中年男子并没有如释重负的感觉，还是愁眉不展的样子。"怎么啦？事情不是快要解决了吗？还有什么问题？"陈邑继续询问。"我出来已经花了很长的时间了，再要走过去肯定赶不到火车站接人了，误了点，我的工作肯定也保不住了，这可怎么办？"中年男子十分为难地说道。陈邑从穿着看得出来中年男子生活不容易，顿时动了恻隐之心。"那这样吧，我帮你去送东西，你赶紧回去，不要丢了工作。你要是不放心怕我是个坏人，我把我摊子押给你，等你查证后，下班后回到这来还我摊子，为公平起见，你身份证押我这，这算是一物换一物，你觉得这个主意怎么样？"陈邑替他出了个主意。中年男子想一想觉得真的可行，就答应了，事情完美解决了。由此，陈邑还得到了一笔意外的劳务费。

这一次经历，让陈邑嗅到了某种商机：在人分不开身的时候送需要送的东西，这其中的商业化市场肯定很大，即使一次利润很小，积少成多也绝对可以发展成一个事业，于是开始着手物流。

很多时候，改变自身财运的机遇就在这不起眼的信息之中，只看你是否能抓住善加利用。

第六章
行动整理
一分钟的行动让财富不再和你
"捉迷藏"

　　一个成功的人必定是一个善于行动的人。想法不管怎么美好如果不行动终究只是空谈，只有经历了实践之后才知道想法中的不足和需要弥补的地方。通常，习惯立即行动的人对生活总是会充满激情，在工作时能够高效率地完成自己的工作，在事业中有了斗志，就自然能打开财富的大门。

　　与立即行动截然相反的是拖延，拖延的人总是会在行动时给自己找各种各样的理由和方式，从而使自己的激情随着时间而日益减少。每个人都有拖延的习惯，成功人士能够很好地控制自身的拖延，养成积极向上的良好心态。

　　因此，摆脱拖延，立即行动起来。"机会总是掌握在有准备的人手中"，财富总是青睐那些行动快捷、做事有条理的人，而那些一味拖延，总是强调理由的人，必然会在无所事事中与财富失之交臂。

1

戒了吧，别让拖延害了你

　　每个人都会对未来满怀憧憬，给自己定下一个理想的人生规划。如果在生活中能够将这些规划很好地实施，按时完成每一项规划及达成目标，那么成功就会来到面前。然而，更多人在制定好计划之后总是很难马上去执行，找各种各样的理由进行拖延，渐渐自身的激情便冷淡下来。

　　每个人都有拖延的时候，但是如果拖延成为一种习惯就会演变成拖延症，拖延症虽然在医学或者心理学上没有严格的定义，但这种行为的害处是很明显的。因此，许多科学家已经就拖延现象单独成立了一个课题，希望能够帮助人们摆脱拖延的恶习。

　　达·芬奇可谓是历史上被拖延牵绊最多的一位名人，他一生涉猎大量学科，其中包含数学、物理、生物、艺术等多类学科。根据估测，达·芬奇留下了大量手写笔记，而其中传世的仅仅为三分之一。由于不断追求自身灵感和作品的完美，《蒙娜丽莎》的完成花费了他四年的时间，另一部作品《最后的晚餐》则花费了三年，在此期间的拖延一度影响了达·芬奇与客户之间的关系。达·芬奇流传后世的著作不会超过二十部，但是在其去世的时候手中依然有四五部作品没有完成。达·芬奇在去世时曾经惋惜地说："有哪些事情到底是完成了的？"以此来表达对自己的不满，其手稿中的很多作品均有很高的科学研究意义，但正因为他的拖延而使很多东西永远埋葬在了他自己的脑海，而成为天才的遗憾。

改变拖延的习惯，改变自身财运，必须知己知彼。想要改变拖延就需要了解拖延的具体特点以及外在表现，然后反问自己是不是一个拖延的人，如果是，那就要思考为什么会变成这样，并且从中找到相应的方法来解决问题。拖延因人而异，每个人拖延的目的都可能不同，但是拖延一般分为四种：鼓励型、逃避型、决心型和完美主义型。

鼓励型：鼓励型拖延者其实是想在工作中寻求更高的难度和刺激，他们总是习惯性地将工作推迟到最后几分钟，以此来寻求自身的快感，通常只有在最后一刻才能够产生对工作的动力。但是拥有这种拖延情况的人通常会忽略自己的工作伙伴，因为很多事情都是需要团队完成的，如果有一个人具有这种拖延的习惯，工作伙伴会因此而没有安全感，总是担心对方今天的工作能否完成。久而久之便没有人愿意将工作委派给他，重要的任务均不敢交给他来做。

逃避型：逃避型拖延者其实逃避的是工作本身，觉得问题凭自身的水平很难解决，因此习惯性地逃避，拖到最后的时间才做。但是往往由于问题本身很复杂，最后剩下的时间完全不足以解决这个问题，从而导致工作不能够及时完成。

决心型：决心型拖延者是因为做一件事情的时候很难下定决心，因此选择回避而形成的一种拖延。究其本质而言，这种类型的人通常是害怕失败之后的结局，甚至害怕成功。这种类型的人正是由于太过于关注别人对自己的看法，因此做什么事情都显得畏首畏尾，害怕自己的能力比不上别人，因此很难下定决心去做一件事情。

完美主义型：完美主义型拖延者对每一件事情都想要做到十全十美，他们对自己的每一个行动、每一个许诺都要做到至善至美。这种一味地追求完美的做法在很大程度上会影响一个人的工作效率。

如果你觉得自己的工作总是不能够按时完成，并且总是找许多借口来原谅自己，那么，拖延可能已经深深埋在你的习性当中。做一个小小的测试就能够看出你是否习惯性地拖延：

（1）在平时的工作和生活中是不是总是在做几天前就应该完成的事情？

（2）经常性地觉得工作没有做好并不是因为自身能力的问题，而是不够努力的问题。

（3）在图书馆借了书看完之后是马上归还，还是习惯性地拖延到最后期限才去归还？

（4）别人的电子邮件以及消息等是不是能够马上回复？

（5）一些看起来并不重要的事情总是最后一刻才开始做，是否觉得这样并不会影响生活？

（6）在外出旅行时，是不是会提前准备行李？还是到最后一刻才匆忙地收拾？

很多问题都可以检验出一个人是否有拖延的习惯，而且拖延的症状也是非常明显的。由于这类人眼中缺乏自信，因此在每次任务中都不能够达成目标，这样就会促使其对自己的目标越来越低，自信心也会受到很大的打击。因为他们的事情总是被拖延下来，其抗压能力通常都比别人要小。很多拖延的人认为其实自己也不想拖延，但是他自己也不知道为什么别人可以做到的事情他却做不到。

习惯拖延的人中有将近一半的人都认为自己确实是属于长期拖拉的人，对他们来说，拖延已经成为一种生活习惯，他们总是将所有的事情都留在最后完成。其实，拖延并不是天生的，而是向周围的人学习所致，可以是家庭，也可以是周边的生活环境。另外，朋友的容忍通常会助长这种习惯，因此，如果你的朋友有拖延的习惯，千万不能纵容他的这种习惯。

想要改变拖延的习惯首先得调整好自己的心态，不要将拖延看成是一种无所谓的耽搁，应该意识到它对人生的重大影响。拖延的习惯虽然看上去无伤大雅，但是却是能够使人的抱负落空，成为自身财路上的重大障碍。找出对自己影响最大的拖延习惯，然后努力去改变它，突破它对自己的束缚。

在美国独立战争时期，曲仑登的司令雷尔派人将信送给恺撒并向他报告最新军情，当时恺撒正和朋友玩牌，当信使将信件交给他的时候他将信件放进了口袋中，并没有及时查看信件的内容，致使华盛顿安然率军渡过了特拉华河。恺撒玩完牌，再打开信件看的时候顿时大惊失色，待他赶忙去召集军队时，华盛顿的大军早已经突破了防线，给予英军沉重的打击。由此可见，拖延虽然看起来是小事，但小事往往决定着大事的成败。

在工作中尤其如此，不能让拖延滋生出惰性，要学会拒绝"再等一会""明天再开始做"的心态，谨防自己沉浸在拖延的苦海之中。

2

克服拖延，以正确的方法引导人生

很多人对拖延已经习以为常，总是认为拖延只是生活中的小毛病，拖延造成的危害不能引起人们的重视，只有在意识到了拖延的特点及危害之后才恍然大悟，原来拖延能造成这么大的后果，那么，怎样克服拖延呢？

在工作的过程中不断地检视自己，找出拖延的原因，并加以改正。比如，当一个人在办公室中总是强调任务的繁重时，其实已经在为自己的拖延寻找借口。这样即便工作没有做好，也能为自己找到一个任务太过繁重的借口，而且这种人在诉苦之后会下意识地松一口气，因为此后就没有人会轻易将重要的事情交给他来做，他压力小了，前途也自然渺茫了。

当一个完美主义者最终交出结果，得到了所有的赞赏后，通常会忽略自身所花费的时间，甚至会认为其他人的等待都是值得的，完全没有意识到自己在这个过程中拖延了多长的时间。因此，要时刻反省自己，认识到自身的不足是改变拖延习惯的第一步。比如，首先要询问自己是否有拖延的习惯？如果有，这种习惯是从什么时候开始养成的？是在上学时期还是工作时期，为什么会养成拖延的习惯？另外，反思自己有没有经常找人诉苦，是工作真的太累还是自身的能力还有缺陷，有没有经常感觉到身心疲怠？是否常常向上司反映需要减轻自身的工作量等。

反思自身的关键在敢于否定自己，找出自己的问题并且加以改正。反思自己在工作中，是什么导致拖延的，自己是不是一个完美主义者？会不会总是担心做得不够完美而得到别人的批评？其实，在工作中并不是所有的事情都能够尽善尽美，任何事情都有自身的局限性，从最简单的接电话到烦琐复杂的项目工程，每一件事情都做到完美是不可能的。

实际上，拖延症患者总是以自身追求完美为借口，以此来减轻自己的过错。比如有人想收拾一下房间，但是又觉得时间并不足以将房间收拾得完美，还是下次有时间的时候再收拾吧。这种理由自然很容易被自己接受。其实，追求完美并不是使人拖延的原因，而是害怕失败，不敢面对失败的借口，在完成一个项目后总是会想别人是不是会满意，还应不应该在上面加上一些细节？这种人在潜意识中恐惧失败，过于看重结果，对自身的定位也没有做好，这样一来会使人变得束手束脚，在办事情的时候患得患失。

为了避免拖延，许多世界著名的人物均寻找出了独特的方法。维克多·雨果在写作的时候赤身裸体，吩咐管家将他的衣服都收起来，这样就避免了在写作时分心；毛泽东在年轻的时候特地到大街上或者其他嘈杂的地方看书，用以锻炼出自身的注意力和专注能力。那么他们是如何想到这些方法的呢？普通人又应该怎样改掉自身拖延的坏毛病呢？

首先，给自己确立一个切实可行的目标，这个目标的设定要符合现实意义，并且有一定的可行性。制定目标的时候不能异想天开，想到什么就制定什么。而是要从小事开始做起，不能过于理想化，选择目标体系中一个比较低的目标开始实行。其次，正确地对待时间。任何事情的完成都不是想完成便可以很快地完成，任何科学研究或者学术体系的成立都需要花费大量的时间才会完成，并没有一蹴而就的事情。在工作中经常问自己，这个任务自己需要花费多长的时间才能够完成？自己可以抽出多少时间？而实际上又用了多长时间？这中间的差距是因为拖延还是技术上的问题？

"千里之行，始于足下"，任何事情只有开始行动了才能够看见效果，在做事情的同时不能光想着做完整个事情的全部过程，而是应该脚踏实地去完成每一步工作。在工作期间还应多留意不让自己找借口，不要习惯性地用各种各样的借口来维持拖延，为行动期间的困难和挫折做好准备。事实上，并没有谁是一帆风顺的，一个人只有经历了足够多的磨难才能够获得成功。

埃尔德曾经是一个办事非常拖拉的员工，在工作过程中埃尔德经常积压一堆的工作，如果在每天的第一份工作中就遇到了问题，他就会把这件事情丢到一旁，去寻找一份更简单的工作。结果，没过多久，埃尔德就被公司以积压太多工作的名义开除。美国时间管理学专家皮尔斯曾经警告喜欢拖延的人："不要总是觉得拖拉是小事情，它是一个能破坏人信仰、毁灭人前途、甚至夺去别人幸福和生命的东西。"皮尔斯教授在对埃尔德进行治疗期间劝告他不该认为拖拉是天生的，其实这是一种很不好的习惯，它和别的坏习惯一样，是能够被克服的。

皮尔斯告诉埃尔德要直面自身的拖拉，遇见困难迎难而上，没有什么是解决不了的事情，当一件难以解决的事情被解决的时候，人们都能够受到很大的鼓舞，而这份鼓舞能够带动自己将其他烦琐的事情一一解决。埃尔德听从了皮尔斯的劝告，开始慢慢形成遇见一件要解决的事情就立马行动起来的习惯，最终，埃德尔告别了拖延习惯。

每个人在拖延的时候总是会不断地为自己找借口，在生活当中不仅时常可以听见别人的借口，自己也会在不自觉地时候脱口而出。找到解决遇事寻找借口的途径，是克服拖延的捷径。

大部分人拖延的借口都是自己没有时间，却并没有意识到自己在生活中浪费了多少时间。每天说自己没时间的人，就可以将自己的时间记录下来：看电视、散步、休息分别用了多少时间。通过分析计下的时间，通常能够发现自己依然有许多可以利用的时间。在完成目标的过程中通常并不需要刻意拿一段时间出来完成，因为人的精力是不足以支撑人在长时间内连续不断工作的。这个时候就可以将时间进行分段，每天拿出一点时间，比如每天拿出五分钟、十分钟的时间来完成自己的任务，最终完成自己的目标。

还有人会说自己已经过了拼搏的年纪，很多事情都没有时间和精力去完成了。其实不然，科学家经过研究发现，人的大脑若能保持经常性地利用的话并不会随着年龄的增长而退化。美国前总统布什在第一次跳伞落地的时候已经71岁，当时有人劝诫他年龄大了不要从事这种高危险性活动，但是他不同意，布什认为，许多人都是在六七十岁退休之后依然能够在其他领域创造顶峰。因此，不要以自己年龄太大为借口，想做就马上行动。要想遏制自身拖延的恶习，唯一的方法就是立即去做自己计划中的事情，多拖延一分钟，事情就难做一分。

3

立即行动，让财富向你靠拢

　　事物的改变和发展只有通过切实的行动才能做到，每天在家里思考着今后的人生应该怎么走，公司的任务应该如何完成是不会有任何结果的。只有经历过行动，才能够有所收获，想法再美好倘若没有行动最终也是空谈。成功的唯一秘诀便是马上行动起来，不要给自己留有后路，寻找诸如"以后还有机会"等各种借口。习惯于立即行动的人通常都能保持较高的生活热情，在事业上具有强烈的斗志，有了这些，办事效率自然就提高了。

　　要想成为一个成功者，得到自己心中所想的东西，首先在于心动，内心是否有一种强烈的渴望。有些人在回答问题时总是习惯于回答"让我先考虑考虑"，这类人在决定一件事情前要考虑很多东西，也经常被人们责怪其处事不果断。纵观历史上成功的名人，他们总是能够立即将自身的想法付诸行动。

　　亚历山大曾经说过："一个人要想征服世界只需要将自己的想法立即付诸行动。"拿破仑从来都是雷厉风行，他总是快速地对问题进行判断，把自己认为对的方法付诸实施，拿破仑甚至是独断的，他不允许有其他的想法或者方案来干扰自己的判断。他认为，虽然自己的选择和判断很有可能是错误的，但是，只要付出了行动，也比在犹豫不决间浪费了大好时间要好。拿破仑之所以在滑铁卢战役中战败，原因就在于他没有及时快速地做出决定，不同于此前征战欧洲的各场战争，未能迅速做出判断并下达命令。

　　一个人想要打开自身的财富之门，走上成功的道路，要学会检测自己、引导自己和控制自己，只有这样才能够在面对困难的时候迎难而上，立即调动自身的所有思维来解决问题，尽管有时候自身的决断并不成熟，但只要付出了就一定会有收获。实际上，一些在事后看起来很不明智的做法在当时的情况下可能恰好是最好的方式。

　　美国知名设计专家苏珊娜·凯吉尔设计房屋和衣橱有独到的技艺，她是一位具有一定国际知名度的设计专员。她自有一套独特的做事方法，凯吉尔声称这个方法是从其祖母身上学到的，她的祖母在她很小的时候就告诉她："只要事情需要做，那么就马上去做。"凯吉尔说太多人都将时间浪费在为事情做准备的阶段，以至于总是没有时间去做真正需要做的事情。美国著名设计师奥斯卡·迪拉瑞塔也赞同这个观点，他认为，特别是在购买物品时，不要花费大量的时间进行价格的对比与质量的挑选，看见一件东西喜欢就买下它，遵从自身的第一感觉来进行购物。有些人总是庆幸自己在工作过程中从来没有犯过错误，对各方面的问题都深思熟虑后才做决定，其实可能只是这类人在习惯性地浪费时间。

　　因此，立刻行动的方式就是，假如你有一份公司报告要完成，一回到办公室就开始工作，可能并不需要多久的时间就可以完成，但是如果为此而拖延三四个礼拜，那时又会增加许多新的东西，到时候耗费的工作时间可能要加倍。订立目标或许并不难，难的是让一个人马上行动起来并贯彻到底。每个人刚订好目标时都有一种充满激情的感觉，但是过了一段时间后对目标的热情就渐渐消散了。

当把目标写下来之后，最重要的就是让自己行动起来。为了实现目标制定出具体的方案和措施，然后立即让自己行动起来，针对自己制定好的目标强迫自己每一天都按时完成目标中的任务，直到成为一种习惯，当这种习惯养成之后，你的财运就将随之而来。

在《美国十大富豪成功秘诀》一书中，作者在分析了当代一些有名的富豪之后提出了一些非常精辟的意见，作者认为这些富豪之所以成功并不能片面地归功于他们深思熟虑，对行情有自身独特的见解。关键在于他们可以准确地看出市场的变化趋势并立即付诸行动，这才是他们成功的秘诀所在。正是由于这种果断，才可以在行业中获得一份先机。当今社会瞬息万变，处处存在许多变化的因素，如果有一个很好的构想而没有及时实施，那么在一段时间之后可能会变得一文不值。因此，立即行动，抓住自己的机遇方能成功。

立即行动不仅能够加速事情完成的速度，同样还能够在实行目标任务的过程中找到自信，行动本身可以增加自身的自信心，如果不行动则会每天都过得异常空虚，从而对事物产生恐惧感，导致一事无成。

缺乏信心的人在做任何事情时都容易犹豫不决，这样的人是不可能获得成功的。如果一个人总是在考虑诸如先做哪一件事情或者哪一件事情应该做好一点这样的问题，那么他最后可能什么事情都做不好。这样的人通常缺少主见、对事物缺乏洞察力和判断力，做事情没有积极的态度。可见，行动过程中杜绝犹豫不决和懒散是极为重要的。

富兰克林曾经说过："现在能够完成的事情绝对不要拖到第二天。"在中国同样有一句古话，告诫人们要立即行动起来："今日事，今日毕。"精神懒散的人只能一事无成，要想改变这种状况，就需要清楚地认识到自己是生活在现在，对未来的任何空谈或者幻想均是不切实际的，要时时想到"现在"，忘记"明天再做""明天再说"的借口。

如何做一个果断行动的人？

首先需要引起自身心理上的重视，不断告诫自己现在的任何幻想都是没有用和不切实际的，人的计划只有付诸行动才能够打开一片广阔的天空。告诫自己如果一味地进行思考而不行动，计划最终会变成泡沫，目标也很难达到，必然让人愈加感觉到一种挫败感。

始终在心底提醒自己"我会现在就付诸行动"，不再把事情交给明天来做。最有效的方法就是不断地提醒自己要立刻行动，每一天都给自己进行心理暗示。此外，利用写日记、录音或者亲朋好友的提醒，都能够使自己变得越来越果断。

4

遭遇选择恐惧症，必然会输掉财富

选择恐惧症是行动过程中的拦路虎，做选择对很多人来说，是一个不断循环的"要"还是"不要"的问题。有些人在购物时总有一种莫名的恐惧感，或者在点菜时对着菜谱不知道如何下手，由这些简单的事情逐渐蔓延到生活的方方面面，在一个问题上抉择时间过长，无疑会阻碍人们的行动。

当一个人需要对一件事情做出选择时出现犹豫、瞻前顾后等心态，这说明他已经患上了选择恐惧症。更有的人会在选择过程中充满了痛苦和挣扎，产生极度的恐惧感。患上选择恐惧症的人在面对抉择时会非常艰难，无论怎么做都不能令自己满意。选择的方向和机会多，本来是一件好事，可是对于他们来说却是一种折磨。

卢卡就是一位典型的选择恐惧症患者，当卢卡和朋友出去逛街时，总是要将所有的地方全部逛一遍，在整条街的店铺中选择自己感觉比较满意的店，然后再进行购买。但是卢卡在面对两件感觉都不错的衣服时，就完全不知道如何选择了，两个衣服穿在身上有不同的风格，朋友们几乎将两件衣服所有的优缺点全部说出来了，可是卢卡还是无法做出自己的选择，最后的结果通常都是两件衣服都要或者两件衣服都不要。卢卡出去逛街时总是要消耗一天的时间，最后却常常一无所获，最主要的是完全不知道怎样去选择。可以说，这种做法是非常不明智的。

有选择恐惧症的人大多数都是完美主义者，这类人要求自己必须只选择一个，这一个必定要是最好的、最理想的选择，这类人同样属于强迫症类型，他们总是一味地追求事物的完美性，甚至偏激地认为如果不能选择一个完美的，那么宁愿两个选择都不要。现代社会的发展越来越快，物品的种类越来越丰富，差别却越来越小，这从某些方面不断考验着人们的选择能力。有医学专家认为，选择恐惧症是一种对自身不满行为的发泄方式，以变相地折磨自己来得到心理上的减压。

机会总是掌握在有准备人的手中，如果让选择恐惧症阻碍了自身行动，不能够果断地做出选择，甚至因此浪费大量时间，机会就只能从手中白白溜走。要克服这种恐惧，就必须在需要做出判断的时候果断地做出选择，如此才能打开属于自己的财富之门，获得成功。

那么应该怎样去摆脱选择恐惧症呢？现在的白领一族很多人都患上了选择恐惧症，在互联网上总是有许多关于"选择性"疑问的求助帖，其中甚至包括要不要换工作，要不要去上司家吃饭，要不要接项目等。选择恐惧，显而易见是对责任的逃避和对自身不自信的表现。因此，要想摆脱选择恐惧，首先就需要调整自己。

（1）树立起自己的信心，选择恐惧症从根本上来说是对自己不够自信，什么事情都要通过咨询别人才能够解决，因此，培养出强大的自信心是治病的根本所在。

（2）目标不能制定过高。一味地追求完美是不现实的，对自己要求太高通常会因为达不到目标的要求而丧失信心。由于太过在意别人的看法，目标不能够实现通常都会使自己手足无措，从而丧失信心。

（3）调节自身的身心状况。每个人在公众场合下都难免紧张，并且出现身体上的不适应，比如心跳加速，手脚做些习惯性的动作等。这时就应该学会忽略自身的紧张感。如果太过在意身体的反应，将会使自己紧张的情绪愈演愈烈。而如果身体上的紧张长时间没有得到关注，紧张感自然会随着时间流逝而渐渐消失。

（4）勇敢。对任何事情，勇敢去面对是每个人都应当学会的东西，只有敢于创新、勇于创新的人才能够获得最终的成功。与之相反，过于紧张的人通常会产生一种逃避心理，遇见任何事情都选择退缩，逃避不会消除自身的紧张，只会使自己陷入无限的自责之中。在逃避时应该想到，没有人能够一直逃避，只要还在这个世界上活着，自然而然地需要和人接触。

（5）对自己进行心理暗示。不管在什么情况下都要对自己充满信心，并且在内心深处暗示自己"其实这个事情没什么""我同样能够做到""我是最棒的"等。这些心理暗示可以很好地培养一个人的自信心。

当行动遇上选择恐惧症的时候，行动就被迫终止了。可以说选择恐惧本身就是隐藏在人内心深处的魔鬼，它总是在人不在意时悄然浪费了大量的时间。学会选择，能够让人们从生活中跳出来，并且迎难而上。这样就能发现生活中的苦与累，同时足以给予人们更多的锻炼。很多时候学会从另一个角度去看待事物，会发现其实事情远没有自己想得那么糟糕。积极地看待事物将影响一个人的人生态度。

一位美丽的少女在投河自尽时被路过的船夫救起来。船夫询问少女为什么这么年轻就要自杀，原来，少女在结婚不到两年的时间就被自己的丈夫赶回家中，接着孩子又病死在回娘家的路上，少女万念俱灰，心想一死了之。船夫听了之后问少女："两年前的时候，你过得快乐开心吗？"少女想了想回答："当然很开心，那时候的我自由自在无忧无虑。"船夫接着问少女："你那时候有丈夫有孩子吗？""没有。""那两年前的你过得无忧无虑，现在怎么就想到了自杀呢？命运只是把你送回了两年前而已，你还是回家吧……"少女听完这些话后如梦初醒，若有所思地离开了。

可见，很多时候，生活幸福的人并不是没有遭受过苦难，而是善于选择从乐观的角度看事物，他们能够给自己的快乐心情寻找一个理由。很多时候，苦难都是由于自己的选择造成的。一味地悲观只会拖延自己的脚步，在行动过程中因为心态问题而停滞不前的人屡见不鲜。因此，生活中不仅要敢于选择，同样应当善于选择。

如果再次遇到选择上的困难，不妨多听取别人的意见，或者多向他人倾诉。倾诉能够使一个人的内心情感和外界保持一个平衡，防止自己因为将事情埋在心底而形成压抑，使人不能够决断。还可以选择旅游、读书、听音乐等方式排解自己内心深处的忧虑，使自身养成一种洒脱的气质。同时，做好事也是摆脱选择恐惧症的良好方式，因为这种方式可以帮助人心情愉悦起来，从而做出自己的判断。应该谨记的是，选择恐惧影响了自身的行动，要想马上行动起来，首先摆脱你的选择恐惧症。

5

一分钟会议记录成就十分钟的工作效率

  谈到会议记录，相信大家都不会感到陌生，尤其是在职场中打拼的人们。会议记录就是把整个会议上所讨论的问题和决议以及相关人士的发言等内容，记录并整理成报告的书面材料。它是对整个会议情况的真实记录，主要具有三个方面的作用：第一，作为目前工作汇报情况或预计工作备案；第二，客观地反映出会议过程和内容，并为日后的各种工作提供参考资料；第三，某些时候还能作为一种文件下发给各个单位的人员。会议记录是作为会议文件、会议汇报以及工作情况等存查备考的一种历史资料。

  在一些企业的大型会议中，会议记录的工作一般由公司领导指定的人员来做，通常都是文职人员，比如文员、办公室助理或者文秘等。除了这些指定的人员之外，很少有人会主动做会议记录，尤其是一些被员工们认为无关紧要的小型或临时会议。

  但是得提醒大家的是，无论是大型、小型还是临时会议，作为参加会议的一员都不可以小视，而主动做好会议记录更不可以忽视。因为，在任何一场会议上，老板或领导都有可能会对自己的工作提出宝贵的意见或建议。很多时候由于时间紧促，没有对会议上一些实际情况做出讨论或者答复，而此时，会议记录就成了最佳的弥补方式。与此同时，会议记录还能够备不时之需。比如写简讯的人还可以将之作为材料，从而达到传递信息的作用。

由此看来，职场中的员工主动做会议记录，不仅是一种有"上进心"的表现，更是一种良好的行为习惯，同时也是一种不断学习的体现。俗语有言："好记性不如烂笔头"，古人之言，不无道理。

很多人都有过这样的经历，当读到一则或一篇很好的文章时，便会萌生出一种想法，那就是把它抄录在笔记本上，以便日后随时观看。为什么人们会有这样的举动呢？因为它可以加深自己对文章的印象，让自己不至于时间一长便记不清楚，甚至忘记。其实，这和主动做会议记录是同一个道理，每一次会议对于员工来说，都是一堂培训课。对于这样一堂培训课，我们有什么理由不主动将之记录下来呢？

或许在很多人看来，做会议记录是一件费时又费力的事情。因为这既需要快速记录，又需要仔细整理，如果是一次大型会议，光整理会议记录就需要耗费很多时间。而对于这一部分时间，很多员工都不愿意将其拿出来，因为会议记录是一种不在工作范围之内也不获得额外补偿的工作。

一位知名作家曾说："读书多动笔，会议多记录，个中滋味，其乐无穷。"无论是对于做学问的人，还是职场中的员工而言，多动笔、勤思考的工作方式，都将给你的工作带来无穷的收益。事实上也正是如此，在一些企业的大型会议中，往往只是其中某个环节的只言片语，便能有效地指出整个工作的重点所在，或者透析出工作方法的精髓之处。而对于这些重点和精髓，只要主动做会议记录就会发现并领会其中的内涵。

　　心理学家研究发现，在职场中，员工在会议当中如果能够主动将会议内容记录下来，并在会议之后对其进行深加工，那么员工对整个会议的情况尤其是内容的记忆就会很清楚，也会有一个较为深刻的认识。或许在会议现场没有弄明白的事情，通过提取会议记录会使人获得更多的信息和线索，从而彻底明白过来。所谓的对会议记录进行"深加工"，指的是对记录的会议内容进行细致深入的理解和学习，以便能更好地领会其中的含义。如此一来，员工不仅加深了对会议的了解，更加强了对工作的认识和理解。更重要的是，如果是一个新产品或生产技术发布研讨会议，主动做好会议记录还能在旧知识与新知识之间建立起一个牢固的联系，从而将新的知识纳入到旧知识的结构当中去。

　　那么，应该怎样提高在会议记录中的效率呢？

　　首先，清理会议中没有必要的事情。如果是会议的组织者就更需要考虑这个问题，运用清除的办法思考会议中的一些流程是否能够删去，比如会议的时间，如果会议太长就容易引起人的疲惫，效率自然而然也会降低，因此，这时可以限制每个人的发言时间来减少会议的时间。或者可以减少参加会议的人员等来提升会议的效率。

　　其次，给会议进行分类。将每一个议题分门别类，先讲重要的事情，再讲次要的事情，这样的好处就在于中途如果出现了紧急事务，即便是中断会议也不会造成很大的损失。

　　最后，如果你只是参加会议的一员，那么只需要做好自己的会议记录报告就好了。在记录时尽可能使自己的报告一目了然，使自己能够清楚地明白会议的具体内容。这时候不妨清除报告中无关紧要的东西，这样，会议内容经过过滤之后大幅度减少，而自己只需要记录下一些和自己相关的事情即可。同样，在记录报告的时候也应当分门别类，将重要的事情记录在醒目位置。在会议结束的时候，整理好会议笔记，以便下次查询。

员工主动做会议记录不仅是一种积极工作态度的体现，更是一种不断学习，充实自我的体现。人们常说："在动笔的过程中，就相当于在同古圣先贤对话，领悟其思想之'味'，从而不断地充实并提升自己。"其实，主动做会议记录也一样——在记录的过程中，就像与公司领导或老板相互交流，领悟会议之精髓，从而渐渐地明白了自己，并实现了自己的人生价值。

第七章

工具整理

正确运用理财工具是收纳财富的"钱匣子"

　　理财就是让钱生钱，理财之道对于改变一个人的财运是非常重要的，沃伦·巴菲特精于理财，并借此开创了他传奇的一生。随着"后理财时代"的到来，理财与个人的人生规划同等重要，每个人都希望能给家人好的生活，然而，好的生活没有金钱的支撑是不可能的，所谓"贫贱夫妻百事哀"。理财就是改变一个人财运最行之有效的方法，是让人"有钱"的有效途径。

　　理财需要工具，投资者需要投资的方向，储蓄、债券、基金、股票、信托产品等，这些都是人们可以选择的投资领域，然而这些投资领域在风险、收益、资金流动等方面都有很大的不同，正确认识和运用投资工具对个人理财是非常有必要的。

　　选择正确的理财工具就意味着人们可以把手中的一元钱变成两元，甚至十元，高收益伴随着高风险。一旦选择不正确，就可能导致资金的损失。然而，如果一个人因为害怕损失而不敢投资，不去理财，那么他将无法获得投资可带来的财富，甚至无法守住原有的资产。理财是势在必行的，那么人们在投资时如何在琳琅满目的理财工具中选择最适合自己的那项呢？

1
不要把钱都存到银行

　　银行是如今人们投资最多最广泛的选择，很多人都爱把钱存入银行，其好处是显而易见的——安全。钱在银行比在自家的保险柜中安全得多，而且受传统思想的影响，中国人一直都喜欢存钱。

　　但钱一直存在银行里就好比家里有车却不开出去一样，时间久了就不像以前那么好开了，钱生钱首先一点就是钱不能是静止的。很多人把钱存在银行中是为了安全考虑，银行的利率并不高，再加上时间效应，钱存在银行的时间久了还会贬值，想象一下十年前在银行有1万元，在当时算是非常有钱的，然而现在1万元的价值跟十年前相比可以说是天差地别。其实这样受益最大的是银行，因为银行将客户存进来的钱拿去投资、放贷，以换取高额利润，却只需要付给客户少量的利息。

　　钱存入银行并没有什么错，人们如果只追求短期内资金的安全和保值，那么存入银行无疑是最好的选择，因为即使考虑到货币的时间价值，一般情况下存在银行的钱短期内是不会贬值的。然而对于有想法的投资者，将钱存入银行，让银行拿着这些钱去投资显然不如自己去投资获取收益。投资者们在投资之前都需要考虑的就是风险，银行可以说是零风险的。风险的存在是因为未来的不确定性因素，这是无法规避的。因此投资者需要理性看待风险，很多人既想获取高收益又想规避风险，这是不可能的。规避风险不现实，如果刻意不去考虑风险，那么等风险真正到来时自己将如何面对呢？投资者需要记住的一点是高风险意味着高收益，但这不是绝对的。风险太高的投资项目可能其收益大得惊人，它投资失败的可能性也高得离奇，是否依然值得人们冒这个风险呢？所以不能盲目地冒险。正确的做法是理性分析风险，以第三方的角度对投资风险进行评估，适当听取别人的看法，尽量多地了解资金运转和市场变化。投资也需要做到胸有成竹，这样才不会稀里糊涂地亏损自己的资产。

将钱存入银行固然安全，但与此同时人们的人生规划却将面临风险，这绝非危言耸听，现实中很多人缺少"钱生钱"的意识，结果失去了本应属于自己的收益。说到自己的利益，不得不说银行最大的获利来源——房贷。说银行靠个人定存和放贷赚钱毫不夸张。银行因为放贷受利，而百姓却因放贷受损。个人定存是指银行用较低的利率来筹集资金，再将这些资金转手放贷给房地产投资者和购房者。在银行申请到贷款的人未必都能如期还款，如此银行就将信用风险计入利率之中，从中赚取一定的利率差。

除了放贷之外，银行还通过共同基金来赚取利润。共同基金是信托投资公司从投资者手中收集到资金，然后用其进行投资，再将投资所获收益分配给投资者的一种理财产品。银行在投资者选择时会向投资者重点介绍这个基金的高收益，过了一两年后又向投资者推荐另外的共同基金，银行则收取其中的手续费。对于银行而言，共同基金无疑是一棵很好的摇钱树。

总之，将钱存入银行绝对不是一个合适的选择，有的人认为把钱存入银行是一种消极的投资，这是有道理的。近年来，不断有人抱怨钱存银行后大幅缩水，截至2012年末，中国居民个人储蓄余额达41万亿元，有人说："老百姓把钱放到银行的回报率太低甚至缩水，但又找不到合适的保值增值渠道。"这说明资金的保值增值已然不能成为人们投资银行的理由了。

还有的人不想投资风险产品的理由是工作太忙或资金有限。其实这两者都是站不住脚的，为什么会忙？就是因为不去学习理财知识，只能依靠劳动获得收入。而且如果不进行投资，那么即使再忙一个人的资产也会逐渐减少。通过理财在一年内使资金迅速增长的投资方法确实很少。然而，让资金以一定的幅度逐年增长的方法却是很多。比如一个投资项目，其年利率是5%，10年后本金加收益将会达到本金的1.6倍。人们对于依靠劳动赚钱、花自己劳动赚得的钱这样的生活方式早已习惯了，而对于劳动之外，依靠自身所获利益进行再投资，让钱生钱的想法却很陌生，因此大多数人选择将钱一股脑儿地丢进银行。

不要把所有的钱都存进银行，只要保留一定时期的生活费就足矣，银行的存款利率低决定银行不适合作为长期的投资工具，存银行所获得的利息、报酬率实际接近零，同时通货膨胀造成的购买力降低使得存在银行的钱贬值。

2

不管钱多钱少都要"理"

有句话说得好:"不理财,财不理。"现在很多人,尤其是刚离开学校进入职场的新人,对于理财普遍没有什么概念,在如今超前消费的观念下,尽早学会理财是一个人一辈子的事,非常重要。

理财就像人生一样,也需好好规划。现在很多刚入职场的人工资微薄,买衣服、付房租、吃饭等,一个月下来不少人感觉钱不够用,这就是没有理财的后果,个人理财首先要先掌握自己的资金流向。养成记账的习惯对于刚刚入职的人来说是很有帮助的,每天把自己所有的开销都记下来,一个月整理一次,看看自己的钱都花在什么地方,哪些支出是不必要的。这样一个月之后,自己就能很清楚地看到自己的钱都花在了什么地方,其实有很多钱都是不必要的开销,减少不必要的支出,积少成多,一个月节省下来的数额将占据工资不少比例。

既然知道了自己的资金流向,下一步就是要做好自己的规划,避免把钱花在不必要的地方,要学会开源节流,不能随意花钱,一些不必要的消费都要避免,每个月少看两场电影,少买一些零食,注意养成节约的习惯,比如节电、节水等。其实日常生活中有很多不起眼的浪费,这些浪费看起来不值得一提，但是时间长了就会发现这是一笔很大的开支。将这些不必要的浪费节省下来后，就要考虑如何处理这些剩余的资金了。

考虑到资金数额较少，可以选择定期存款，到期再转存，这部分资金没有特别的事情就不要轻易动用，等到了一定的数额就可以考虑做些更高端的理财，例如炒黄金。另一个选择就是基金定投，现在办理定投的最低金额是 100 元，门槛不高，每个月定投几百元，长期累计下来的收益也是比较可观的。

年轻人需要树立健康的理财投资观念，不能太在乎投入产出比，所谓理财是通过对个人和家庭财务进行管理，以实现提高生活质量的目标，只要通过理财实现了自己的目标，就是理财成功。

收入不高的人通常风险承受能力较差，这时可以适当取出一部分钱在股市上实战，同时需要自己控制好金额。但不能因为钱少就畏惧，否则就只能得到基本的银行存款收益。一般新人入职对公司的待遇要求中都有五险一金，其实个人也可以购买一些小额的意外保险，为自己做些保障总是好的，毕竟这部分的支出并不需要太多。

另外，现在的年轻人都有刷卡消费的习惯，刷卡的确很方便，随身不用带很多现金，只要带着几张信用卡就可以了。不过，使用信用卡消费不像花现金消费那样看得见摸得着，许多人在用信用卡消费时经常会乱消费，一不小心就产生很多不必要的消费。而且刷信用卡分期付款或者预支现金会产生一定数目的利息费和手续费，增加了自己刷卡消费的经济压力。同时，如果没有按照银行规定刷卡，每年信用卡还会产生年费。所以，应该尽量少用信用卡，能不用则不用。

对于刚入职的年轻人来说，手中的资金并不多，因此对这个阶段的理财不要寄予太高的期望，只要能保证一定时期内自己手中的资金在增长就可以了。同时这个时期也是积累经验的一个过程，在理财方面，如果没有一定的经验，那么之后的理财就会感觉无从下手，以至于盲目听从别人的意见而没有自己的想法。

很多投资者就是被人忽悠着盲目投资，结果自己的资金一直在外面周转，可回报却没有预期的那么好，甚至出现亏损。当然，并不是说投资就完全只依靠自己，专家的建议可以适当听取，但是自己的情况只有自己最清楚，关键时刻还是要靠自己做出决策。

是否肯去投资，是否善于理财，对于每个人来说都很重要。合理的投资和理财可以使自己的积蓄积少成多；反之，不会理财或者理财失当，不仅不能增长财富，还有可能使自己过去积累的财富萎缩甚至消失。

当今时代，市场的变化使人们慢慢注意到投资的方向不再仅仅是银行，银行只是收益最低的选择，股票、基金、外汇，这些理财产品很多都比银行能获得更好的收益，投资渠道太多了人们又不知道怎么选择。但越来越多的人参与股票投资，炒股是时下经济领域的热门话题。在私营企业里，利润并不是最主要的追求，最主要的是如何把钱用活，很多善于经营的管理者们都清楚这一点，却不是每个人都能做到，一旦公司有盈余，很多保守主义者就不敢再像当年下海创业时那样放开手脚了，担心挣来的钱因投资不当而损失。

而在如今的经济形势下，只有把更多的钱用来扩大投资，才能获得更大利益。

关注理财、学习理财，就能获得财富；而疏于理财，大手大脚花钱的话，即使有再多的收入，生活也将陷入困境。理财是一种观念，一种想法，以钱少为由不去想着理财、不去学习理财是借口，富人都是一点点积累起自己的资产的，而每个富人都有一套自己的理财经。懂得理财的人会发现赚钱其实并不辛苦，而不会理财的人则辛辛苦苦地工作还是摆脱不了贫困。

3

要买房又不能成为房奴

　　人们的日常生活需求不外乎衣食住行，而住房问题已经成为现在很多人面临的一个大问题。虽然随着住房改革的推进和房地产业的发展，人们有了更多的住房选择。然而，买房对于很多人来说依然是个不小的挑战。

　　房子是人们生活的必需品，对于一个家庭而言其重要性不言而喻。但是，现实却是房价一天天上涨，很多人辛苦工作一辈子也买不起一套房。而且即使房价高，人们也不得不买，因此按揭买房成了很多人的选择。可是，对于那些月供金额超过收入40%-50%的人来说，所需要承担的压力实在不小。每天努力工作却大部分时间是在为银行打工。许多人觉得每个月的工资扣除房贷和日常生活开销后就没有多少剩余了。其实，人们如果能对剩余的资金进行合理的理财规划，还贷的压力是可以减轻一些的。

　　现在有很多人按揭购房后感觉生活压力很大，其实，如果月还款的额度在家庭收入的40%之内是不会有太大影响的。如果超过40%，那么感觉就会明显不同。因此，在购房前，预先留出一定时期的生活支出和住房贷款作为备用资金。同时，在决定首付时，也要考虑在购房后的一两年内有没有大的支出，另外还要把装修费用考虑进去。

　　对于购房者而言，房贷利息也是不能忽视的一点。银行有一种贷款的政策叫"固定放贷利率"。即与银行约定一个固定利率和期限，在这个期限内，不管央行的基准利率或市场利率怎样调整，消费者的贷款利率都不会随着央行的调整而变化。在还款方式上，可以采用"双周供"的还款方式来减轻利息负担，这样虽然增加了还款的频率但是每月还款额是不变的，如此累积下来可以节省很多利息。另外，还可以采用"宽限期还款法"，就是给贷款人一个偿还本金的暂缓期，这样可以减轻贷款之初的还贷压力，减少贷款对个人生活带来的影响，尤其是在利率上调的情况下，可以有效减轻贷款人的负担。

　　对于那些有额外收入的房主来说，提前还贷，尽量少给银行打工是个不错的选择。按照还款方式不同，贷款人可以选择期限减按或金额减按的方式提前还款。但是也可以不把这笔钱还给银行，选择收益率超过银行利率的理财产品，拿这笔资金进行投资获得的收益比房贷利率会高不少，为自己取得更高的回报。

　　而对于那些没有额外收入、每月只有固定薪资的工薪阶层来说，他们的风险承受能力较低，应该投资一些风险低，回报相对存款利息要高的理财产品，这样也可以减轻一些房贷压力。如人民币理财产品、货币市场基金、债券基金和保本基金等，投资这些理财产品较安全，虽然给出的收益率都是预期收益率，没有绝对的保证，但实际上收益率波动范围并不大，而且至少本金不会亏损，收益率还比银行存款利息高。

　　李先生刚结婚按揭买了房子，手中几乎没有剩余的积蓄了，接下来每个月要还1 500元的房贷，贷款期限是二十年。李先生每月收入大概是 7 000 元，每月日常支出在 2 500 元左右，扣除房贷后，每月实际节余 3 000 元，夫妻二人都有基本的保险，每年有大概 10 000 元的其他收入。由于没有了积蓄，家庭整体承受风险的能力较低，李先生在投资上趋于保守。现金流稳定，但较小，急需通过理财尽快提前还完房贷。

李先生的投资观念比较保守，再加上自身的经济状况限制，针对这种情况可以选择的理财工具有银行存款、货币市场基金和国债。对于其家庭每年 45 000 元左右的净节余，可以定期定额投资国债和基金。比例为，一半作国债投资，从其流动性考虑，可选择交易所国债市场，到期期限在 3 年左右的中短期国债为宜，每半年投资一笔，滚动操作，这样，就实现了每半年都投资国债，每半年都有国债到期。40% 投资货币市场基金，是活期储蓄的取代品。其余的 10% 存入银行作为家庭应急备用金。通过这样的稳健投资规划，很快，李先生就能轻松地提前还清房贷了。

所以，人们在购房前，先对自己家中的财产做细致全面的评估，根据自己的实际情况选择合适的地段和楼盘，这是比较明智的。买房前先清算一下自己家全部的现有资金，然后考虑选择具体付款方式，先考虑所能支付的首付，再考虑房子的总价，计算时不能满打满算，一定要预留足够的其他开支，比如装修、日常开支等。然后还要计算出家庭的收支情况，确定自己每个月能支付的额度，避免买房后压力过大。

4

选择适合自己的理财工具

随着经济的发展和个人财富的增长，理财渐渐受到人们的重视，现实中有各种各样的理财工具，然而在众多的理财工具中选择适合自己的理财工具是非常重要的。

理财是个人生活中非常重要的一方面，每个人都要用到钱，甚至希望自己能有用不完的钱，然而钱不是天上掉下来的，钱需要自己赚取。工作获得薪水是挣钱的一个方式，但是钱也可以生钱，这就是所谓的投资。一个人要想手中的钱足以花得称心如意，就必须学会理财，而不懂理财的人即使给他再多的钱他也会很快花完。

英国《每日邮报》曾报道，英国年仅 16 岁的考利·罗杰斯在 2003 年幸运地中了彩票大奖，获得了近 190 万英镑的奖金。但是只过了 6 年，罗杰斯就花掉了所有的奖金并面临破产。曾经生活惬意的罗杰斯如今生活窘困，为了维持生计，不得不同时做三份工作。所有的彩民都希望有朝一日能够中奖，但是中了大奖之后如果不懂得如何理财，那么即使有幸获得大奖也会像考利·罗杰斯一样在短短几年内便消耗殆尽。

理财工具没有最好的，只有最合适的，无论哪一种投资工具都既有自身的长处，亦有不足。人们都知道股票不一定赚钱，保险的目的也不是投资。人们在理财时，需要先对各种理财工具有比较深入的了解，这样才能比较各种理财工具的优劣，然后根据自己的财务状况及投资理念来选择适合自己的理财工具。

储蓄是最基础的理财方式，也是人们使用最广泛的理财工具，几乎每个家庭都会将钱存入银行。储蓄最大的优点就是安全性高，钱存在银行基本不用担心丢掉或亏本。储蓄主要分为活期储蓄、定期储蓄两种，定期储蓄的利息比活期储蓄的利息高，若能灵活地使用定期储蓄将使个人的资金得到合理的使用。比如一个人有5万元钱，想长期存储，但是又担心有急用，这时可以将5万元分成5份，分别存储为1年期、2年期、3年期、4年期和5年期。1年后，将到期的一万元开设一张5年期的存单，这样就可以既保证一定的流动性，又可以充分利用5年期储蓄的高利息。

债券是发行人依照法定程序发行，并约定在一定时期内还本付息的有价证券。债券按发行主体可分为政府债券、金融债券、公司债券；按利息的支付方式可分为附息债券、零息债券；按债券利率是否浮动可分为固定利率债券、浮动利率债券；按照有无抵押担保可分为信用债券和担保债券。国债是财政部代表政府发行的国家债券，以国家信誉为担保。许多稳健型投资者对它情有独钟。虽然国债的风险比股票小，而且它信誉高、利息较高、收益稳健，但相对其他产品而言，投资的收益率较低，特别是长期固定利率，国债投资期限较长，时间效应造成的货币贬值明显。

基金是一种集合证券投资方式，基金通过公开发行基金单位，将投资者的资金集合起来，交由基金托管人托管，由基金管理人管理和运用资金，从事各种投资，然后将投资收益按照基金投资者的投资比例进行分配。

股票是一种高风险高收益的投资方式。股市风险的不可预测性总是存在的，然而高风险对应的是高收益。股票投资需要面对很多风险，比如投资失败风险、政策风险、信息不对称风险，因此投资股票需要较好的心理素质以及逻辑思维判断能力。最好不要进行单一股票投资，小的资产组合应有十余种不同行业的股票为宜，这样的资产组合才具调整的弹性。

除了上述几种理财工具外，还有房地产、保险产品、信托产品和黄金。现在可选择的理财工具非常多，多到让人不知道该选择哪种或哪几种理财工具进行理财。

选择理财工具时，首先要先明确自己的理财目标和限制，明确自身的风险承受能力。投资都伴随着风险，有些风险大，有些风险小，投资者在选择理财产品时不要只选择一种，应该将资金分开，一部分投入到风险较大的理财产品上，另一些投入到风险较低的理财产品上，不要把鸡蛋放在一个篮子里。如果投资者对投资期限要求长、风险承受能力高，那么可以适当选择那些高风险的投资产品，因为高风险通常也意味着高回报。而对于风险承受能力低的投资者，则不应该投资那些风险大的投资领域，否则一旦风险成为现实，就会面临严重的个人经济危机。因此投资者需要了解自己的财务状况，风险偏好，风险承受能力和收益、流动性的需求等。一般来讲，财务实力雄厚、有较高的风险偏好并且风险承受能力较强的话，可以购买风险较高的理财产品，同时可以追求较高的理财收益；而财务实力较弱、风险偏好弱（甚至厌恶风险），并且风险承受能力较差的话则比较适合购买低风险的理财产品。

　　投资之前选择几个对自己合适的理财产品，对有意向进行投资的理财产品需要先进行风险评估和收益预测，切忌乱投资。关于风险评估的问题，投资产品之间的风险、收益、流动性其实相差很大，投资人不要以偏概全，需要详细了解每类产品的风险收益流动性特征，选择适合自己的产品。投资者可以先了解这些问题：①该产品的预期收益是多少，收益率的波动如何，投资者需要承担的风险如何，是否有保证，收益的分配情况是怎样的？②该产品可以投资哪些工具，投资限制是什么？③该产品买入后可以按照自己的选择随意转让和卖出吗？是否有提前卖出或者转让的惩罚性条款，卖出或者转让后是否只是持有者的改变，而收益分配等其他东西都不变？④该产品的一次性费率和持续性费率如何？投资者可以通过这些问题来了解理财产品的风险、收益和流动性，从而综合权衡自己的风险偏好、风险承受能力和流动性需求，确定合理的预期收益率水平、产品风险水平和投资期限。

　　如今国内的理财产品琳琅满目，关于投资选择，国内的大部分人都不是很清楚，这时人们就可以去咨询相关的专家，听取他们的看法和意见，但不能盲目听取别人的建议。投资者需要经常去了解市场，了解国家政策的变动，以及那些对国内经济影响大的事件，要善于敏锐地捕捉市场的动向。总之一定要谨慎地投资，毕竟一旦自己的财产损失了就很难找回来。

　　理财投资对于每个渴望财富的人来说都是必须学习的，不会理财的人既难获取更多的财富，也难保住现有的财富，而理财得当的人将得到意想不到的收益。

5

家庭理财宝典

　　钱财管理得好，生活才能井井有条。也可以说，理财是一门艺术，是一生的功课。真正的富人，不是只知拼命挣钱的人，而是善于管理钱财的人。那些善于理财的人，不仅会挣钱，还懂得通过钱财来创造更多的财富。不同的钱财有不同的理财方法，家庭理财对于一个家庭来说至关重要，而且家庭理财要趁早。试想，一个人20岁开始理财投资，若每个月投资67元，年均收益按11%计算，那么到他65岁时，他就可以拥有100万元的资产了。而如果这个人从30岁开始投资，那么他想在同样的时候拥有一样的资产，那他每个月就必须投资202元。所以早一天投资，就可以创造多一份财富！

　　上海的张新华女士很会过日子。她只是一个普通的公司行政人员，丈夫是一位中学教师，但他们在很早前就过上了小康有余的生活，在上海这个寸土寸金的地方拥有一栋113平米的房子。而这一切都归功于张新华女士优秀的理财能力。

　　张新华非常具有理财头脑。从她刚和丈夫结婚起，她就开始了自己的理财计划。张新华每个月都要记账，将这个月的"收支余"做一个记录，对家庭财务做到了如指掌。张新华说，记账既可以掌握家里一个月的收支情况，也为下个月的花销提供了参考。她这个记账习惯几十年来从未间断。

她还对家庭的收支进行了分类预算。一般家庭的账本都是非常杂乱的，各种数目充斥其中，而张新华家的记账本却非常整洁。她说："我每个月都会先将一些固定支出写下来，比如水费、电费、电话费等。因为这些费用基本都是不变的，所以预算起来比较方便。其他的一些生活消费，诸如菜钱、米钱等，也会有专门的预算。另外，我还将家庭成员的零用钱也做了预算，比如女儿的零用钱每个月是200元。因为有了分类预算，所以每个月大概的花销都掌握在我的手中。而且对一年的消费也有了大概的了解，可以提前做出预算，积累剩余资金以备不时之需。"

在她们家还有"专用款"，每个月如果预算不够，就可以从中拿出来垫付。但是不管是谁"挪用"了"专用款"都是要打欠条的，而且在规定时间内必须还上，以保证"专用款"不出现亏损。张新华说，其实这也是对生活的一个保证，专款专用，"专用款"是为了应急的，万一有什么急事也好有个缓冲，所以她就设了这么一项资金。

张新华还说："虽然在年初、月初有预算，但是生活中总会遇上一些需要大笔消费的事情，这是每个家庭都在所难免的，而对于这类事情，我们家采取的是'审核制'。比如去年我女儿要买一个随身听，可是她自己的钱不够，那她只好向我们提出申请，当然随身听对女儿的学习很有帮助，我们也是非常乐意的，所以很快就通过了我们一家三口的审核，不久之后就为她买了一个不错的随身听。不过，每审核通过一宗大型消费之后，我都得重新做一个预算以填补这项消费。"

张新华觉得开源节流、日积月累是她致富的法宝，因为他们家并不是高收入家庭，他们之所以能够达到小康有余的生活水平，就在于生活中开源节流、预算积累。

张新华女士的幸福生活得益于她的家庭理财能力，合理的家庭理财，为他们积累了一笔巨大的财富，更为他们美好的生活奠定了基础。由此，我们可以梳理出家庭理财的宝典。

第一步就是要学会记账。通过记账就可以清楚地知道自己钱财的走向，也可以对自家的经济情况做到心中有数，从而有效地规划自家的开支，还可以为以后的收支规划提供参考。对于记账的方法，采用比较多的一般是"记账本"，在这个本子上详细地记载了收入、支出以及结余，每个月或每几个月进行小结，年末进行总结。

第二步就是明确理财是一生的事情。人一定要对自己的未来做好规划，对于钱财也是，根据自己的财产情况、家庭情况、职业特点等合理理财，将风险和收益达到最佳的组合。人们可以根据自己的成长过程来理财。

（1）婚前期。这个时期是指参加工作到结婚的时期，因为参加工作之前人们还没有收入，还是一个纯粹的消费者，几乎没有所谓的理财，只有一点，那就是做到不乱花钱。工作之后，人们就要学会理财。这个时期的人们收入不高但是花销很大，理财的关键在于开源节流，找个好的工作，合理消费。年轻人会因为自己年轻、挣钱快，加上年轻人好攀比的心理特点很容易有商场打折情结，一旦知道商场有打折就会疯狂地购物。在这个时候，年轻人就要注意理财合理预算自己的开支，不能过度消费，要理性购物。此时，可以尝试着把结余的资金做一些风险和收益比较高的投资。

（2）婚后期。有了家庭，所关注的点已经不同，不再是以前一个人无拘无束的生活，要考虑到家庭的发展，孩子的教育问题，父母的养老问题等，家庭的支出会比较大，这个时候，家庭理财的关键在于保持收支平衡，控制消费合理支出，而且，在孩子上学之后，家庭主要消费将变为孩子的教育投资。家庭可以将部分资金用于投资，但一定要留出部分资金作为应急备用，以备不时之需。

（3）退化期。在孩子成人离家后，家庭的理财关键就在于自己的养老，主要在对自己的生活、身体投资，这时就要合理地规划自己的养老计划。

第三步，确定自己的目标。做什么事情都要有目标，目标是一个指南，也是一种动力，有了方向才不会迷失自己，有了动力才能坚持不懈。理财也是一样，一定要明确家庭理财的目标。而目标也可分为三种目标：当下目标、短期目标、长远目标。

首先，可以在三张纸上分别写上这个三个目标作为题目。从"当下目标"开始，写出这个月希望达到的目标。根据这个月所要做的事情、收支情况做出一份财务管理清单，这个月就按照这份清单所列的内容进行消费，不能超出半分。

其次，在短期目标上写出自己最近半年或者一年后的目标。将短期内的收支情况做出详细说明。当然，因为有一定的时间跨度，所以做计划不能做得过死，要留有余地。

最后，自己的长远目标要尽量详细。这里的"长远"并不单单指人的一生，而是可以变化的，可以是三年，也可以是五年，但一定要详细。比如三年内花100万元买一辆车，到美国旅游一次等。只有目标详细了才会有行动的动力。

第四步，对家庭的每一份支出做出预算。家庭要理财，就要为家庭的每一份支出都做出预算。每年要有每年的预算，每月也要有预算。在每个月末制作下一个月的支出预算，虽然不可能详尽地预算到每一笔支出，却可以掌握家庭的主要支出。在这个预算中，要将家里的固定消费记录下来，比如房租、房贷等；还要保证基本的生活消费，比如开门七件事的消费；当然，也要将自由支配的费用算进去，比如聚餐、娱乐、亲戚朋友家串门送的小礼物等；还要把这个月的收入也算进去，这样才可以算出结余，才好控制收支。每个月末进行小结，收支的结余就可作为投资或者存起来；如果入不敷出，那就要仔细思考原因，为下一个月的预算打好基础，合理规划下个月的预算。

这几个步骤可以帮助家庭合理理财，为自己美好的生活奠定基础。而下面还有几个实用的理财小方法，可供人们选择。

（1）建立家庭基金。每个月家庭成员从自己的工资里面拿出一部分钱存入一个方便存取的银行账号，作为应急之用，在遇到紧急状况时可以作为一个缓冲。

（2）身上少带现金。人都有这么个毛病，身上有多少钱就想花多少钱，带得越多，花的也就越多。特别是当人们遇上一个很好看的物件时，会一时冲动买下来。但是，当人们一摸口袋，发现钱带得不够时，就会静下心来思考：这个物件有没有必要买？值不值得买？而随身携带的现金最好也是有预算的，一天或者一个星期只能用多少钱，用完了就只能等下个星期才能够取，而不可以预支。这样可以养成一个良好的预算习惯，不失为家庭理财的好方法。

（3）少刷卡。银行卡、信用卡确实很方便，却也很容易把钱花掉。刷卡时人们只看到一个数字，并不会有付现金时的那种真实感。特别是为小价钱的物品刷卡时，心里只会想着：没事，反正也不多。可是日积月累，这些"不多"就会变成"很多"。所以除了大型消费，尽量少刷卡。另外，也少使用自动取款机，即使要用，也要用不收费的取款机，因为虽然自动取款机收费不高，可是累加起来就是一笔不小的钱了。

家庭理财，也是一种非常有效的理财工具，做好家庭预算，养成良好的理财习惯，从小事上改变自己的财运，开源节流，积土成山，那么改变自己的财运就不是一句空话了！

第八章

情绪整理

修身养性才是改变财运的
"软实力"

世界潜能激励大师安东尼·罗宾斯说过："一个人成功的秘诀就在于他是否能控制自己痛苦与快乐组成的这股情绪的力量，而不是被这股情绪的力量所控制。如果他能做到这一点的话，他就能掌控自己的人生；否则，他的人生就将无法掌控。"人们对待自己的情绪常常会选择两种方式，一种是纵容自己的情绪，任由自己被情绪主导，另一种是逃离自己的情绪，将自己的感情封闭，拒绝情绪的进入，让自己成为一个没有感觉的人。其实，人们还有第三种选择，那就是认清自己所处的或兴奋或低落的情绪，让自己成为情绪的主人，并按照自己的想法整理情绪，修身养性，改变自己的心境，主导自己的情绪向所希望的方向发展。如此不但可以让自己生活得更洒脱、自由，还能在无形中改变自己的财运。

1

不要让自己经常处于生气的状态

现代生活状态节奏非常快，人们总是在赶时间，这样就导致一些脾气急躁的人经常为了一点小事生气。生气对于人们而言无疑是百害而无一利的，如果一个人在生气，那么他就很难明智地做出决定，也无法采取最合适的方法处理眼前的工作。生气中的人对他人而言也是很难相处的，每个人都有过生气的经历，生气时相信有不少人习惯拿身边的人当出气筒，别人稍有不对，就把气撒到对方身上。生气的人容易陷入一种恶性循环，一生气就做不好手中的工作，手中的工作做不好就更加生气，这样一来，无论是生活还是工作都一塌糊涂。

生气中的人无法理智地判断事情，经常会因为冲动而做出错误的事情。有个男人的妻子生小孩难产去世了，家里养了一条非常聪明的狗。一天，男人有事出去了，留下小孩一个人在家，这条狗非常认真地看护小孩。有只狼想趁机进来把小孩叼走，忠心的狗勇敢地上去和狼搏斗，最后把狼咬死了，自己也受了伤。当这个男人回来时，狗很开心地跑去迎接主人，结果男人看到狗全身是血，然后再回到房间一看，小孩不见了，顿时就拿起棍子将狗打死了。后来他听到有小孩的哭声，最后在床底下看到了小孩，接着又在不远处看到了狼的尸体，这时男人明白自己冤枉了忠心的狗，顿时懊悔不已。

故事中，男人一时生气，在事情尚未弄清的情况下将狗打死了，而正是这条狗保护了他的孩子。如果这个男人没有被愤怒冲昏头脑，仔细查看一番，就一定能发现狼的尸体，悲剧就不会上演。生气的人很容易失去理智，人是感性与理性并存的，但是在生气的情况下，理性往往就会被感性所左右。

一个人生气时容易失去理智，冲动地做出错误的决定，那么人们就应该学会在工作时注意不要让自己生气，生气是没办法解决问题的。与其浪费精力来生气，还不如集中精神，仔细想想用什么办法才能把手中的工作有效率地完成。当然，人们会想："我也不想生气啊，可是碰到这样的事你能不生气吗。"确实，谁都会碰到一些让人难以不生气的事情。

如果一个人真的没法控制自己而生气了，那么就需要找到合适自己的方法，使自己立即从生气的状态中走出来。西藏有个拥有大智慧的人，他每次生气时，就会以最快的速度跑回家，绕着自己的房子和土地跑三圈，跑完之后，气就消了，然后再回头接着处理手中的事情，周围的人都不明白为什么这个人生气时要这样做，他本人也不曾向大家解释。之后这个人的房子越来越大，土地越来越多，年纪也越来越大，但是当他生气时还是会拄着拐杖绕房子和土地走三圈，这个人的孙子就问他为什么这么做，他解释说："年轻的时候房子和土地很小，绕着跑的时候就想着自己哪有时间跟别人生气，还不如把时间拿来好好努力让自己富有起来。年纪大的时候，自己的房子和土地都不小了，生气绕着走的时候就想，自己有这么大的房子，这么多的土地，还有什么理由去跟别人生气呢？"他通过自己的方法控制自己，不让自己总是处于生气的状态，结果是房子和土地最后都比原来大，比原来多。

　　尽量不要让自己经常处于生气的状态，人们生活在这个嘈杂忙碌的社会，静下心来，好好想想自己该做什么。当自己生气时，静下心来，仔细想想让自己生气的整件事，把这件事弄清楚，看看是不是自己想象中的那样，这样一来，也许就不会生气了。人们都不会愿意跟容易生气的人相处，也许哪天自己就成了那个人的出气筒，容易生气的人也因此在生活中难以找到朋友，而没有朋友的人，事业将很难有发展前景，更别提发展自己的财运了。

2

紧张会使事情变得更糟

懂得放松的人，无论在工作还是生活中都会比别人做得更好。与放松相对的就是紧张，紧张会把事情搞砸。面试时紧张会留给面试官不好的印象，从而丢掉一次就业机会；发表演讲时紧张会使得一篇精彩的演说稿变得一团糟；考试时紧张会让理想的学校就这样和自己擦肩而过。很多人面临关键的时刻、重大的场合都会紧张，手心冒汗，坐着的时候两只脚不自觉地发抖。

人们紧张时最容易出现的情况就是脑子一片空白，之前做好的准备一下子全部忘记了。尤其是对于刚从学校出来步入社会的学生们在面试时，去面试之前准备了很多，在网上找了很多资料，看了很多例子，但是面试的时候，平时能说会道的人，这时却紧张得说不上话来，支支吾吾半天也没说到重点，这样自然就没法被录用了。

一个容易紧张的人给别人的感觉不踏实，不易被信任，相反，一个做事自如不紧张的人给人的感觉很安心。很多成功人士都有这样的品质：在关键时刻总能使自己保持镇定。保持镇定说起来容易做起来往往很难，一般人在面临重大的事情时都会很紧张，不是每个人天生就淡定，处变不惊，那些泰山倾倒于前而岿然不动的心态是通过训练才得来的。长辈们教育自己不要紧张时往往会说"多试几次就不会紧张了"。

紧张对于每个人来说是不可避免的，而学会克服紧张同样是必须做到的。有很多可行的方法克服紧张情绪，最重要的一点是提前做好准备。无论什么事情，只有事先做好准备，心里有把握，才能做到不紧张。

如果准备工作做得不够，那么不管做什么还是免不了事情来临时心里紧张的情绪。

在工作之余，多听些自己喜欢的、平淡柔和的音乐，多出去旅行，看些美丽的自然风景，这些都可以消除紧张情绪。

如果是在工作中碰到棘手的难题，最好不要太急于求成，这样很容易乱了方寸，先使自己平静下来，仔细思考，对当前的情况进行冷静的分析，可以制定详细的行动计划，这样就能在避免过度紧张的同时解决问题。

演讲是现代人们生活中最常见的，会议致辞、讲座、就职演说等，这些都是演讲，这些演讲往往会成为决定一个人工作及事业成败的关键。一个平时口若悬河的人到了公众面前就呆若木鸡，紧张使一个人在这种场合口不能言。其实造成这种紧张的主要原因是在听众面前人们很容易有恐惧和焦虑的心理。人们担心自己讲错，担心自己讲的东西不被认同，当人们登上讲台时，很多人有心都要跳出来了的感觉，演说时脑海里想的不是该说的演说词，而是在想"快让我离开这个地方吧"。这些心理行为都反映了演说者内心对这种演讲的紧张。其实，演说只需要订好自己的目标，事先做好准备，对着镜子练习几遍，这样就可以在一定程度上缓解紧张情绪。真正想要做到在公众面前一点都不紧张就需要抓住可以演讲的机会多锻炼自己，渐渐就会习惯了。

　　人在紧张的情况下通常都是不知所措、感觉很无助的，所以能做到淡定、处变不惊是最好的了。

　　消除紧张心理，想想该怎么应对当前的情况，这才是一位成功者该有的品质。

3

把自己的情绪发泄出来

在职场中的人很容易产生各种情绪，情绪在自己的身体里就像一只凶猛的野兽被关在了笼子里，如果把它关的太久了，一旦逃出笼子就很难把它抓回来了。因此，最好的办法不是一直关着它，让它待在笼子里不出来，而是应该适当地把它们放出来溜溜，这样，危险性就小很多。

很多人生气了都会砸东西，砸完之后又会自己去收拾，其实这就是发泄情绪的一种方式。一个人生气了，感觉不把满肚子的情绪发泄出来，整个人都有要抓狂的感觉，砸完东西自己的愤怒发泄完了，自然心情也就好了，再回头看看那些无辜被自己砸坏的东西，不禁就去收拾了起来。

现在也有很多针对情绪发泄的"产品"。比如西南交通大学有个发泄网站，平时遇上不顺心的事就去网上发泄一下；还有一种叫"发泄壶"的减压工具，这种发泄壶设计得像远古时代的一种陶器，用这个发泄壶你可以大声地喊叫而不被邻居听见。可见，已经有很多人在发泄情绪上花费了工夫。人们伤心时亲人们常常会说："想哭就哭出来吧。"哭泣就是发泄自己悲伤最好的方式，有人说男儿有泪不轻弹，有句话接得好："只因未到伤心处。"当对自己来说最重要的东西一夕之间失去了，这种痛苦伤心如果不哭、不发泄出来，那这个人就只能沉浸在这种悲伤中无法自拔，关心他的人是希望他哭出来的，泪水是治好悲伤最好的药剂。更令人惊奇的是，科学家发现在眼泪中有一些特殊的化学物质，而这些物质能引起血压升高、消化不良或心率过快等不好的反应，把这些物质通过眼泪排出去对人的身体是有利的。

哭泣是对悲伤心情的一种发泄，发泄在心理学上称为"宣泄"，宣泄可以说是一种疗效很不错的心理疗法，宣泄一词具有净化的意思，所谓净化就是把污浊的东西驱散掉，还其干净。把心里糟糕的情绪发泄掉，让自己的好情绪重新回来。心理大师们在治疗他们的病人时，通常都会采用精神疏泄的方法。就心理学来说，情绪释放是很正常的，它可以使人的心理得到平衡。人是有感情的，不是机器，人们的感情需要发泄，开心、伤心、生气、愤怒这些都是人的情感，当这些情感到达极致时，就要让它们发泄出来。

发泄自己的情绪需要采取合适的方法，恶意伤害别人、沉迷于网络这些都是不正确的发泄方式，这些发泄方式不仅不会使一个人变得更好，甚至会造成二次伤害。可以想象如果情绪是一枚炸弹，这枚炸弹必须要让它炸掉，但是又不能让它伤害到自己，也不能伤害到别人，何不找个戈壁沙滩让它尽情地爆炸呢？其实发泄情绪很简单，工作不顺心了回头把外衣扒下来，扔地上使劲踩两脚，然后捡起来往肩上一披继续走，这时心情就完全是两样的了，前面可能极度不爽快，后面则是倍感轻松无压力。同事之间碰到不开心的事情，聚在一起喝酒，喝个酩酊大醉，这也是一种发泄。人们都知道深呼吸是缓解压力的一种好方式，其实深呼吸也是一种很好的发泄方式。美国学者希尔在《从呼吸索取生命力》一书中指出，有控制的深呼吸可使大脑尽快消除疲劳；用正确的方法、适时适度的发泄，可以调节神经系统，使人轻松舒畅。发泄要适时适度，说到底发泄只是使心理得到平衡的方式而不是目的，一个人不能遇到一点鸡毛蒜皮的小事就胡乱发泄，这是脾气暴躁的表现。

科学家做过一个实验，用冰水装着的玻璃容器收集人们不同情绪下呼出来的气体，发现一个人心情很平静时呼出来的气体变成水后是无色透明的，像自来水一样；心情很糟糕时呼出来的气体变成水溶液后则是污浊的，科学家把这种溶液注射到小白鼠体内，小白鼠明显健康状况不佳。这说明不良的情绪在身体里就是毒素，时刻损害着身体健康，因此，合理的发泄，把这些有毒的物质排出体外对于保持身体健康是很有必要的。

东北的汉子给人的感觉就是很豪爽，说什么就是什么，吃肉大口大口地吃，喝酒大碗大碗地喝，有什么事就说出来，感觉这些人心里不会藏什么，有情绪什么就发泄出来，而他们的身体都比较健康，事实上东北大汉身体的确很强壮。当然，这种东北大汉很让人佩服，然而这种性格并不是对所有人都合适的，人们还是应该找到最适合自己的情绪宣泄方式。

现实生活中，人们会碰到很多不顺心的事情，事业、感情这些事不是每个人都能够做到说放下就放下，并不是每个人都深谙取舍之道，大部分人都只是普通人，人们为了很多事情伤心、难过，会因为很多事情产生很多情绪，如果一个人不懂得适当地发泄自己的情绪，就会被心中的阴霾所掩埋，这样，即使你能够熬过今天的夜晚，如何能知道是否你心里也熬过去了呢？懂得宣泄自己的情绪就能以更好的精神迎接接下来的挑战，做好准备应对人生未知的挑战，成功和财富也会悄然降临。

第九章

心态整理

没有改变不了的财运，
只有调整不好的心态

　　心态是一个人的精神状态，精神状态的好坏决定着自己的心情好坏。如果有一个好的心情，好运气也会随之而来，所以，不要去抱怨自己的运气不好、没有财运，其实是你自己不会调整心态。没有改变不了的财运，只有没有调整好的心态。调整好心态，明确工作方向，在职场中才能够找到"金钥匙"；调整好心态，学会换位思考就能够感受生活中的美好，学会了"空杯心态"就会得到财神的眷顾。要学会调整心态，让自己一直都能够保持积极乐观的良好心态。积极乐观的良好心态能够让人感受到心灵的平静快乐，可以给人带来事业上的成功和生活中的财富。所以，要学会欣赏生活，调整心态，感受生命，热爱生活。

1

调整心态，改变财运

　　财运和心态是不可分的。好的财运一定是以好的心态为基础的；有好的心态就一定会有好的财运伴随。

　　人和人之间的差距很多情况下就取决于心态的不一样。消极心态和积极心态，非此即彼，就像硬币的两面。可却是这微小的差距造就了人们之间最大的区别：富人和穷人。

　　成功人士之所以能够成功就是做到了着眼于财富，立足于心态。在我们普通人感慨那些成功人士取得巨大成功时，也应该去体会他们给我们的启示：财运掌握在自己手里，良好的心态是成功获得财富的前提。成功人士与失败者之间最大的区别就是：成功人士一直都是用积极的心态去面对生活、面对困难、面对压力，他们掌握着自己的命运；而失败者，却被消极的心态支配着人生，永远都活在失败中。

　　积极、真诚、坦然、执着、务实等心态都是经过长期的磨炼和整理得来的。这些心态能够给我们的生活或者说命运带来很大的改变，其中自然也包括了财运。

　　威廉·詹姆斯是哈佛大学教授，他曾说过："我们这个时代最大的特点就是，人们的生活可以通过改变心态或者思想来改变。"心态决定着命运，决定着自己的生活，决定着自己的财运。在改变财运、获取事业成功这一方面，一定要整理好心态。心态正确了，远比技巧更重要。

（1）积极的心态

积极的心态不只是对于成功，对于生活中的琐事也是一条黄金法则。积极的心态要求每个人对待生活充满希望。财运其实无处不在，只要你保持积极的心态就一定能够抓住机会，甚至在厄运中都可以获得好的财运。

比利和彼得一同前往非洲卖皮鞋。在炎热的非洲，人们多数是光着脚不穿鞋的。比利看见非洲人都不穿鞋很失望地说："这些人都不穿鞋，怎么会来买我的鞋呢？肯定没生意。"于是他就直接回去了。彼得看到同样的情况却十分高兴："哇！这么多人都没有穿鞋，看来这里有很大的需求啊，我的鞋子一定能够大卖。"于是决定在非洲扩展自己的皮鞋市场，并且想办法，让不穿鞋的非洲人都有买鞋穿的欲望。最后，他的皮鞋生意真的越做越大，变成了大富翁。

两个人遇到同样的情况，比利失败了，可是彼得却成功了。这样的结果就是因为心态造成的。积极的心态给彼得带来了财运，而消极的心态把比利身边的财运吹走了。这些都发生在一念之间。

（2）告诉自己一切皆有可能

在瞬息万变的生活中会遇到很多情况，因为不能够对未来预知，未来充满了危机。但是，成功人士总结的经验告诉我们，成功就是告诉自己什么都有可能发生，积极地去面对那些所有可能发生的事情，让那些好的可能全部变成现实。学会适应发生的情况，就是一个慢慢接受，慢慢整理自己心态的过程。正确的心态，在面对任何情况时都会给我们带来帮助，从而改变自己的运气。

　　所有人都渴望成功、渴望发财。只是芸芸众生中真的能够发大财、成功的人士能有多少？而成功的人很大一部分功劳都是要归结于他们本身具有的积极心态：遇事总是乐观对待，相信一切都有可能的心态。这种心态整理好，能够激发人的无限潜能，能够获得财运，吸引健康、快乐还有成功，改变人生。所以说，人生都可以改变，还有什么不可能。

　　从心理学的角度来说，当你整理好了自己的心态，形成了一种信念后，再将它实现了，那就可以更加坚定你的信念，保持自己的良好心态。这是一种良性循环。比如说，你有信心做好老板交代的事情，在工作的过程中尽最大努力去完成这项工作，最后成功得到老板的奖赏，这样加强了你对自己的信心，在之后的工作中也一直会保持自己这种好的心态。

　　在拿破仑的自传里有一个故事向人们展示了这个道理：赛尔的丈夫是一名陆军战士，她一直跟随着丈夫，他到哪她也就会在哪。这一次，丈夫部队驻扎在沙漠基地里，她也来到了沙漠。丈夫要进行训练，她每天只能一个人待着。沙漠里气温很高，这边住的居民都是墨西哥人和印第安人，他们都不会说英语，赛尔没人可以说话，感觉自己都要变成哑巴了。这样的生活，让她痛苦不堪，赛尔给家里写信，说她在这样的地方待不下去，这里简直像是地狱，她要回家，她要放弃所有……父亲给女儿赛尔的回信里并没有对她的决定发表任何意见，只是写了两行字："两个人看同一个地方，一个人只看到泥土，而另一个人却看到了星星。"也就是因为这两行字彻底改变了赛尔的生活。

看着父亲的回信，赛尔哭了。她决定要在这片沙漠里找到那些"星星"。赛尔开始和当地的居民说话，慢慢交流。当地人非常好客，对于她语言不通的现象一点都不笑话她，赛尔特别感动的是，当赛尔对当地人的纺织和陶器表现出很大兴趣时，他们把自己最喜欢，甚至不舍得卖给商人的陶器和纺织品送给了她。渐渐地赛尔跟他们交流也不成问题了。在这之余，她还研究了沙漠中坚强存活的仙人掌和其他植物，去沙漠中看夕阳和日落，去寻找各种各样的"宝贝"，原本这些让赛尔无法忍受的东西，全部变成了让赛尔着迷的东西。

沙漠并没有改变，当地居民也没有改变，唯一变化的就是赛尔的心态。她的心态从无法接受变成了融入当中去享受，把原本自认为很恐怖的境遇变成了人生中最重要的经历。心态的转变，让赛尔发现了"新大陆"，而且，她还把所有的东西都写进了书中，给它取名为《快乐的城堡》。心态的转变，最终让她找到了属于自己的"星星"。

2

空杯心态，为自己在职场找到"金钥匙"

空杯心态，即归零心态，一切重新开始。

古代有一个人，认为自己佛学造诣很深。他听说有一位在佛学界声望很高的老禅师，便不远万里前去拜访。开始是由老禅师的徒弟接待，他的态度显得傲慢无理："我佛学造诣比你高出不知道有多少，却让你来接待我，你算什么啊？"之后，老禅师亲自来接待他了，为他沏茶倒水，倒水时，杯子里虽然已经满了，可是，老禅师还在一直倒，并没有停下来的意思。他很不解地问老禅师："大师，水已经满了，您为什么还要一直倒呢？"老禅师说："是啊，已经满了，干吗还要往里倒呢？"老禅师其实是说，你既然觉得自己佛学造诣已经很高深了，为什么还要来我这呢？

这是有关空杯心态来源的故事，它告诫我们，在一件事情开始之前要有一个好心态。不管是学习，还是在职场奋斗，要想取得成功就必须把自己归零，保持空杯心态。

空杯心态对于一个在成功路上奋斗的人来说，就是一件可以使自己不断升级的装备。不管在职场上还是生活中，对于每个人都有很大的价值。整理好自己的心态，让自己一直处于空杯心态，也是自己掌握自身财运的好方法。

职场，是一个人历练人生的必经之路。在历练过程中，有人足以在职场中迅速发展壮大，也有人发展特别缓慢，甚至还有倒退的现象。他们之间的差别最关键的就是能否找到并掌握职场中的"金钥匙"。

有一个很有学识的经济学博士，在校期间很受导师的赏识，但是，他毕业后在职场上的经历很让人费解。原本学历高、能力强的人才应该在职场上很吃香，可是在经济学博士毕业后的三年里，换工作的频繁程度让人咂舌，其离职原因也是五花八门。

年轻的博士对于自己面临的问题也十分苦恼，他不知道问题到底出在哪里，很想快点摆脱这样的困境，于是找到自己的导师寻求帮助。他告诉自己的导师，一直觉得自己是非常努力的人，但是，单位一开始对他十分热情，之后都变得冷冰冰，最后连对其能力的认可都没了。接着，便将他的经历向自己导师一一道来：

"我在拿到了博士毕业证之后就开始找工作，很快便被一个很不错的单位给录取了，因为自己学历高，好多单位都看中了我，我选择了其中最好的一个。可是，去单位报到的第一天，我就觉得特别不满意，因为根本就没有人来接待我，只有一个安排住宿的同事把我带到宿舍就走了。我受不了被别人冷落，我是一个堂堂的博士生，单位连一点重视的态度都没有表现出来……包括在之后的工作中，也一直没有被重视被关注过，我心里很不是滋味，工作不顺意，也出不了成绩，在单位混完了三个月试用期之后，单位对我下了通牒，把我分派到了新成立的分公司当经理……"

可是在新公司，他骄傲的心态依然没有变过，一直都看不起自己的同事，同事们自然就都对他疏远，没有人愿意和他一起做事。新公司的业务主要是和别的公司合作，自己公司出钱，合作公司出技术。可是合作过程中，他觉得对方公司提供的技术支持在社会上太过平常，到处都有，而且，他将这种看不起对方的态度不加掩饰地表现出来了，导致最后合作失败，不欢而散。分公司在他的管理下一点业绩也没有创造出来，最后被总公司撤销，他也就被辞退了。

第二份工作是一个公司的部门经理，在吸取了上一次失败的教训后，他对身边所有的人都表现得很客气，但这只是表面的客气，在他内心深处，还是瞧不起别人的。这种虚伪的热情掩藏不了多久，周边的人都能够看出来他傲慢无理的本质。在工作中，认为自己大材小用的不满情绪一直都在，工作中负面情绪太多自然不能够做好，没过多久就被老板炒鱿鱼了。在那之后的情况也都大同小异，连着好几个单位都没干满三个月。

听完博士自己讲的三年职场经历，导师终于明白了他三年里一直处于"失业"状态的真正原因——心态没有摆正。他的心一直都是满的，装不下其他的东西。整天都处在"博士"光环下的他就连最基本的职场发展规则都不明白，掌握就更不用说了。

导师对他说："你一直都被光环笼罩着，有没有时间把心空出来，想一想在职场中发展的基本规则是什么？"

"什么是职场的发展基本规则？"经济学博士不解地问。

"很明显，你并不清楚它。所以，你发展成今天这个样子也是情有可原的，就是被自己的'经济学博士'头衔给葬送了。那我换个方式问你吧，你觉得单位是根据什么来给员工付薪酬的？"导师对他说道。

他想了一下，回答说："应该是能力。"

"这个答案是有一定的关系，但不全对。还可以说，这是一个误区。"导师回答说。

"为什么？怎么会？单位不是根据个人的能力来支付员工报酬的吗？"

导师耐心地给他讲解："你回答的这个问题用的是一贯的价值导向思维。但是，实际上，单位对于员工最看重的是其使用价值而不是个人价值，换句话说，能力是员工的个人价值，而他能否为公司创造效益、业绩，这才是单位公司最看重的员工的使用价值。单位公司愿意为员工的使用价值支付相应报酬，而不是其个人价值。"

"举个简单的例子，假如你学会并掌握了4种外语，这就是你自己拥有的个人价值，但是，你要能够运用自己会的4种外语给公司带来利益，这样公司才愿意给你支付薪酬。但如果，你这4种外语根本没有作用，并没有给公司创造任何的效益，如果你是公司的老板，你会愿意为这样的员工付薪水吗？好好想想，你自己的情况是不是这样？"导师意味深长地说。

导师的一番话让博士茅塞顿开："我终于明白自己工作不顺的原因了。我一直将自己是个博士这件事情塞满了自己的心，认为自己有学识，高学历，单位里所有人都要重视我，这是理所应该的，却不曾去反思自己，在没有给单位创造任何利益的时候就要求别人对自己重视，是一种很愚蠢的行为。现在我才明白，职场上的基本规则，就是单位重视的是人才的使用价值而并非个人价值。在能够体现自身使用价值的事情上，要尽一切努力，发挥自身最大的使用价值才是正确的做法。在刚开始时，我就应该把自己

'倒空'不要去在意什么'博士'光环，只有把自己的心态调整好，一直保持'空杯'才能最大地体现自己的使用价值，才能掌握自己的财运。"

和导师交流之后，他立刻改变了自己的心态，把自己彻底变成"空杯"了。改掉了以前对人傲慢无理的态度，消除了怀才不遇的负面情绪，变成了一个脚踏实地，细心、会为别人考虑的人。如今，他已经成为大公司的总裁，一个让大家欣然接受的杰出管理者。

在职场上，经济学博士的情况很普遍。这一类人虽然学历高，能力高，可就是没有弄懂职场中的基本规则，没有找到那把"金钥匙"，才导致了"怀才不遇"的结局。

在职场中经常会出现以下几种情况：应聘者在应聘时，不会谈自己将会为公司创造什么样的价值，只想着谈工资待遇，这样的人，不管他有多大的才能，也没有用人单位会用他们；工作了，进入职场之后，对自己的评价太高，自我感觉太过良好，没有将自己的待遇等同于自己创造的价值，这样的人在职场中发展很慢，同样不会被领导看重；还有一类人开始很敬业，为企业奉献，职位待遇随之提到一定高度之后变得很被动，懒惰，还习惯性地"想当初""倚老卖老"，不再有干劲，不思进取……这些人，都属于不懂得整理自己心态的人，没有做到空杯心态。因此，他们无法找到职场中的"金钥匙"。这些人的表现是给还没有步入职场的年轻人的一种警醒——做事情之前整理好自己的心态，一定不要忘了空杯心态。这会有利于一个人将来财运的发展，如此，才有希望飞黄腾达。

3

执着追求是能够改变财运的心态

对于职场人士来说，执着心态主要是强调专注一事的精神和理念，强调对于自己理想、信念的坚持，为实现成功而具有的非凡毅力。

执着是每个人心中意志力的表现，执着的心态对于成功来说就是最可靠的方法，没有捷径。要想改变自己的财运，绝对不能改变自己的信念，必须将自己的信念坚持下去，这样就一定会有收获。

（1）执着的前提是有目标

在整理自己心态时，对于自己所执着的事情，一定会找到相应的目标。将自己真正的目标整理清楚，奔着这个目标前进就一定能够成功。

有一个少年，出生贫穷。在他十五岁时，写下了他一生的志愿：我要去尼罗河、亚马孙河探险；要登上世界最高山；要骑在大象的背上旅行，还要驾驭野马、骆驼；要探索马可波罗的行迹，走一走亚历山大走过的路；还要去演一部像《泰山》一样的电影；我还要自己驾驶着飞机自由翱翔；我要读完莎士比亚的巨著和亚里士多德的书，写一写乐谱，写一写书；发明一些东西，申请一些专利……他洋洋洒洒写了 127 个立志一定要实现的愿望。对于我们普通人来说，这宏伟的目标写在纸上是比较容易的，可真的要实现可不是一件容易的事情。

这个少年心里被他这"一生的志愿"填满了，被牵引着开始了漫长的征程。实现这些志愿就是他人生中最大的目标，他执着于自己的追求，执着于自己的梦想，经过了多少风雨，渡过了多少磨难，他试着将那本《一生的志愿》中的愿望一一实现，在实现自己愿望的瞬间细细品尝成功的喜悦。经过了 44 年的时间，他完成了 127 个志愿中的 106 个。这个少年就是约翰·戈达德——美国著名的探险家。

开始时，约翰·戈达德被大家笑称是疯狂的傻瓜。然而，他却用自己的行动去证明了自己可以实现人生的追求。他打破了"不可能"的说法，所有人都为他拥有的力量感到惊讶。戈达德微笑着说："我只是对我的人生有所企图，先让自己的心灵到达那个远方，让自己身上执着的力量听从心灵的召唤，前往之。"

所以，要想成功，前提就是要有一颗企图成功的心。有所企图，才可以让你为之努力奋斗，指引你去追求，时刻激励自己朝着目标的方向，勇敢、执着一直前进。

（2）执着就是要不怕被拒绝

有资料显示，日本现有 1.35 万家麦当劳门店，一年营业额可以达到 40 亿美元。这个数据是从藤田老人那得来的，他是日本麦当劳社的社长。

藤田 1965 年从日本的早稻田大学经济系毕业，毕业后在一家电器公司工作。1971 年，他想自己创业，在经过多方咨询调查后，决定做麦当劳的快餐生意。当时，麦当劳是全球闻名的快餐连锁店，有连锁经营的机制，但是要取得经营资格必须要有一定的财力还要有其他的特殊要求。当时的藤田毕业不久，是个毫无资产的打工仔，根本达不到麦当劳总部要求的取得经营权的资格：即要具有 75 万美元和银行信用的支持。当时的藤田只有 5 万美元的存款，但是决心一定要做麦当劳的藤田并没有打退堂鼓，他想办法筹集资金。5 个月之后，藤田想尽一切办法只借来了 4 万元。身边朋友们都说资金差距太大，劝说他放弃这个不切实际的想法，可是，藤田依然执着于自己的追求，面对困难绝不退缩，他说要去寻找能够帮助他的人。

他花了好几天的时间准备，最后，终于踏进了住友银行的总裁办公室。藤田以十分诚恳的态度对银行总裁说了自己的创业方案、当时所面临的困难以及希望寻求帮助的心愿。银行总裁在耐心听完藤田的表述之后，并没有直接给他答复，只是对他说"你先回去吧，我要考虑考虑。"听到这句话的藤田，知道希望并不大，心里有点失落，但是，他还是打算最后一搏。他整理好自己的心态，真诚恳切地对银行总裁说："先生，可否让我告诉你我银行卡里的 5 万元美金的来历？""当然可以。"总裁回答说。"那5 万元都是我每个月坚持将工资的三分之一存起来，六年时间里一直没有间断地存下来的。6 年的时间，因为经济原因遭别人的白眼，尴尬局面不计其数，但我都咬牙挺过去了，面对很多诱惑我也最终熬过来了，甚至在捉襟见肘的情况下我仍然定期定量把钱存进银行，去向别人借钱度日……别人都很不理解，问我为什么这么固执。其实，这是因为在我大学毕业走出校门那一刻起，我已经立下志愿，要在 10 年内存够 10 万美元作为自己的创业金，我的目标就是要自己创业，我的执着也是为了让自己能够实现当初的愿望。现在，有这样的机会可以让我提前实现自己的梦想，我一定不会就此放弃的……"藤田把要讲的话全部都讲出来了，仅仅十分钟时间的讲述，让银行总裁改变了自己的态度，他神情严肃地看着藤田，问了藤田家的地址，然后说："年轻人，我会在下午给你答复的，你放心。"藤田走后，银行总裁询问了藤田在银行存钱的情况，柜台工作人员对总裁说："藤田先生这个人真是有毅力，有恒心，每个月都会按时存固定数量的钱，这么多年来从来没有间断过。他可真是我见过的最有毅力的年轻人了。真的很让人佩服啊。"

在银行证实了藤田先生的所说后，银行总裁真的被他打动了，之后便给藤田打电话告诉了他的决定："藤田先生，我们银行会支持你的创业计划。"

这个事例告诉我们，执着的人才能够得到别人的赏识和帮助。而生活中有很多人，害怕被人拒绝，一旦寻求帮助的人面露难色就立刻打退堂鼓，其实，你这样的表现就说明你根本就没有足够的执着去追求自己的成功。

不管是在学习过程中，还是工作、生活中，执着的心态很重要，执着的人才足以让人感到敬佩，才能够打动别人，也才可以让别人甘愿为你提供帮助。所以，坚持执着于自己的追求，那样才能得到改变，当然就包括财运。

（3）坚持就是胜利

所有的人都想在事业或学习上获得成功，但是，只有一小部分的人成功了，很大一部分人都失败了，这是因为可以坚持的人很少，大部分人都是半途而废。

刘军和王志是大学同班同学，他们 2007 年从大学毕业后，怀着各自的梦想走出了大学校门。在学校时,他们俩是最要好的兄弟,他们有一个共同的兴趣爱好,就是探讨经商之道。虽然,两人学的都不是经济类专业,但是,他们的热情足以弥补当中不足。有时候两人来了兴致,可以就经商问题通宵达旦地进行讨论。

毕业后,刘军留在了大学所在的城市,他在人才市场上找到了一份食品公司业务员的工作,主要是向超市和零售店推销自己公司的产品。经过半个月的培训,刘军就开始了自己的业务员工作。一个月很快就过去了,可是刘军没有完成业务量,结果被老板狠狠地教训了一顿。他第一次感觉到了社会的压力,这使刘军心里产生了焦躁和恐惧。同时,自尊心和自信心也受到了伤害。为了改变现状,刘军第二个月去跑市场的时候,改变了方法,在和客户接触的时候表现得更加热情并且更加专业性。这样的方法起了作用,使他第二个月的业务量能够顺利完成。随着时间的推移,刘军的经验慢慢积累,工作能力逐渐提高,在半年之后就被升职为经理。又过了半年,因为不满意公司待遇,刘军跳槽来到了一家大型的超市做销售主管。因为第一份业务员工作给他积攒了经验,在新的职位上,他很快便熟悉了日常工作内容,再加上自身有拼劲,没多久就让自己负责片区的销售额翻了一番。他的表现受到了经理的赏识和器重,不到半年的时间就成为公司的销售骨干。可是,刘军对于这些并不满意:工资待遇并未达到自己的预期,一天三班倒,一个月才三天的休息日,这些都让刘军不满意,最后,他还是选择了离职。在那之后,刘军也找了很多的工作,可是没有一份工作做满一年。如此频繁地更换工作,刘军也一直在苦恼着,到底自己适合什么样的工作?

王志毕业后并没有立刻找到工作，他苦苦找了三个月，最后才找到一份汽车销售顾问的工作。前两个月，王志一辆车都没有卖出去。经过了深刻的自我反省，王志将自己工作中的不足全部列在纸上，并通过努力一条一条来解决它们。他还时常向公司前辈学习销售技巧，由于自己的勤奋好学和坚持努力，王志终于在第三个月卖出了他的第一辆车。之后的情况也是向越来越好的方向发展，王志发掘了很多潜在客户，在完成销售量的同时还坐上了销售冠军的宝座。

时间很快就过去了，王志在公司一干就是四年，中间虽然也出现过一些问题或者挫折，但是王志从来没有想过放弃，一直坚持着，一路从一个普通的销售人员做到了经理位置。

毕业后的第四年，刘军和王志因为一个偶然的机会又聚在了一起，刘军对着王志倒苦水："一下子，毕业已经四年了。我自己都算不清楚四年里我换了多少份工作，可是每一份工作都不能够让我满意，我只能不停地换，我换过好多不同的行业，现在我是真的不知道自己到底适合做哪行了。你说，为什么会这样？"也许是因为嫉妒，刘军看着王志的眼神不再友善。王志轻声回了一句："这个不好说。"刘军不依不饶："不管，你说一句，哪怕就一句"。"因为你没有坚持，意志力不坚定。"王志很严肃地说道，"坚持下来了就是成功的。就拿我自己来说吧，开始时，我给自己定的目标是5年内当上销售主管，但是，在刚开始，我什么都不会，什么都不懂，做得很艰难，我也想过放弃，换一份自己擅长的工作来做，可是最后我还是没有放弃，为什么？因为我真的很不甘心！我要坚持实现自己的目标，不管付出多少努力……"王志很激动地说着，"坚持是自己执着于梦想的意志力的表现，有时候心态的变化就会影响你的决定，从而改变人生的命运。当你走到岔路口时，保持自己原来的心态，执着于自己的追求，不被外界因素干扰就一定能够达到目标……"听完王志的一番话，刘军肃然起敬。"原来是我自己不够执着。"刘军若有所思地说。

无论是在职场还是在生活中，执着的心态都是人们打开成功宝库的金钥匙。一切的成功都离不开一颗执着的心，若无法坚持、半途而废就只能与成功失之交臂，功败垂成。

4

调整心理，保持积极乐观的心态

　　良好的心态代表一个人有饱满的精神状态，有良好的心态才可以保证每天的好心情。心情好了，运气也会随之变好。人一旦失去了好的心态，一定要及时清醒，马上跳出，立刻把心态调整过来，明确自己的方向不能够迷失自己。

　　人生在世，只要心胸豁达，凡事都能够看开、看淡，相信办法永远会比问题多。所以，有一个良好的心态才能活得快乐。

　　生活中，人的心情好坏经常会受到工作的影响，所以，调整好工作心态也是很重要的。工作中通过职位的高低划分责任的大小，责任心是成功人士的基本素质。在社会集体中，人不但要对自己负责更要对别人负责、对集体负责。在公司里，作为公司运作中不可或缺的人尤其要对整个公司负责。转变自己的心态，将公司要自己工作变成自己主动要工作，这个结果就会有很大的不同，不仅会给公司带来效益，给社会带来财富，也会给自己带来财运。而且自己还能够从工作中找到乐趣，在繁忙的工作中找到自我价值实现的满足感。所以，不管是何种工作，只要心态调整好了，一切都会好。没有卑微的工作，只有卑微的心态，心态变了，思维也就变了，态度也会改变，命运也将得到改变。所有的改变，只需要你花费一分钟来整理好自己的心态，这会是多么神奇而又简单啊。

当今社会生活节奏快、竞争激烈，让人们承受的压力与日俱增，压力给人们带来的就是负面的、偏激的情绪，当负面情绪远超过了人自身承载能力时，将会造成难以想象的后果；同时，生活中也经常会出现一些难以预测的灾难或事故，突如其来让人措手不及，会使人陷入悲伤、急躁、茫然和痛苦中不能自拔，更有甚者，会使人对生活感到绝望……这些对精神造成极大危害的情绪必须找到发泄的出口，只有消除了它们，才能感受到生活中的阳光。所以，这些负面情绪的消除或者减少需要通过自己调整好心态。由此，我们必须掌握一些调整心态，消除负面情绪的方法。

（1）让自己的心静下来。让思维安静下来，减少自己的欲望，所谓无欲则刚。要学会把自己放空，每一天都当成一个新的起点，给自己新的希望，对自己有新的要求；年龄从来不是一个限制，保持空杯心态反而能得到更多的成功机会。

（2）学会关爱。首先关爱自己，只有先学会关爱自己才能够更好地关爱他人。人们对自己的认识是最正确也是最深刻的，学会接受自己的一切，就可以有足够的能力去了解和帮助别人。在帮助别人的过程中足以得到更多的快乐。将自己的心态调整好，把你要帮助的人当作自己的朋友或者是亲人，全心全意地付出，你得到的东西将远大过于你付出的。

（3）选择一个舒适的环境调整心态。选择一个舒适的环境也可以帮助你梳理自己的心绪：心情烦躁时，闭上眼睛，放一曲舒缓的音乐，躺在地板上，静静地听着自己的心跳声，领略那种奇妙的感觉，不用言语你就能听懂自己的心。休息片刻，放慢自己的节奏，冷静地思考发生的事情，那样你就能找到最好的答案。

（4）学会不与他人无尽地攀比，嫉妒别人。人最大的敌人永远只有自己，战胜自己你就是永远的赢家。有很多人都进入了这样一个误区：一味地羡慕别人，从来不把自己当主角。其实，每个人都是自己生活中的主角，要相信，那个你羡慕的人此时也羡慕着你。只要你尽自己的努力认真把每一件事情做到最好，哪怕每次只是一点点的进步，你都应该为自己感到高兴。

（5）保持自信。不管在任何时候，都要保持自信。而自信的心态来自对自己的肯定，只有肯定了自己，才能得到别人对你的肯定。只要你足够自信，努力去做就一定会成为自己想要成为的人。

（6）学会自我安慰，凡事尽量往好的方面想。情绪的控制是很重要的，有很多人在遇到紧急情况时，就像热锅上的蚂蚁——急得团团转。原本能够很简单解决的问题，却因为没有控制好自己的情绪，而把简单的事情复杂化了……其实，当遇到事情时，一定不能自乱阵脚，而要保持乐观的心态，凡事往好的方面想，心放宽了才能迅速找到解决事情的关键，才能够大事化小，小事化了。

（7）学会珍惜。不要轻易伤害身边的人，即使是你不喜欢的人。伤害是相互的，说出伤害人的话不仅是伤害了他人，也会伤害自己，自己的心情会被破坏，场面也会变得尴尬。不要轻易放弃自己的梦想，梦想是驱动自己奋发向上、一直努力的动力，不要轻易放弃，即使不能够实现，也要珍惜每一次奋斗的机会，它们都是难得的财富。

（8）保持热情。每天都要有新的感受，不同的事物，要学会从不同的角度去思考，保持对一切新鲜事物的新鲜感和好奇，这样才不会失去了热情。

（9）用自己的真心对人对事。只有付出真心，对待生活，生活才会真正给你馈赠。

5

不要心浮气躁，须知欲速则不达

心情浮躁的人在生活中是很难获得成功的，心浮气躁，不踏实是人们成功路上最大的阻力。长辈经常这样教育年轻人："小伙子要沉得住气，看准时机，不要毛毛躁躁的。"这句简单的话是前辈人生经验的总结，因为他们明白任何事情都需要看准时机，心浮气躁是成不了事的。

夏天过后，禅院里原本绿色的草地都变得枯黄了，给人一种很不舒服的感觉。这时小和尚说："师傅，等天凉了撒些草籽吧，现在好难看啊。"师傅只是挥了挥手，轻轻说了句："随时。"

中秋时分，师傅去山下买了一包草籽，回来后叫小和尚去播种。这时秋风突起，草籽四散飘飞，小和尚不禁大喊："师傅，刚撒好的草籽都被吹飞了。""没事，吹走的草籽大部分都是中空的，落下来也不可能发芽，随他去。"师傅淡淡地说，"随性。"

撒完草籽，空中飞来几只小鸟前来啄食，小和尚又急了："师傅，鸟儿来吃咱们的草籽了。""没关系，草籽这么多，这几只小鸟能吃多少？"师傅继续翻着经书说道，"随遇。"

半夜下了一场大雨，小和尚冲进禅房告诉师傅："师傅，这下真的不好了，草籽都被冲走了。""冲走就冲走吧，冲到哪儿，就在哪儿发芽。"师傅正在打坐，听了徒弟的话眼皮都没抬说，"随缘。"

很快，半个多月过去了，禅院里重新长出青苗，一片嫩绿，一些未播种的院角也泛出绿意，弟子高兴得直拍手。师傅站在禅房前，面露微笑地点点头："随喜。"

在这个故事中，小和尚心态浮躁，经常被事情的表象左右，而师傅却始终保持着随意的平常心，这其实也是洞察了世间玄机后才有的豁然开朗。

浮躁是人生最大的敌人，无论你要获取幸福快乐，还是要获取成功，你需要拭去心灵深处的浮躁。心浮气躁的人总是心神不宁的，情绪表现得很急躁，做事也会很盲目冲动。这些人总想着事情能够按照他的意愿，想怎样就怎样，从来不去好好努力奋斗以实现自己的心愿。

对于刚进入职场的年轻人来说更该如此，新人刚走向社会，看到周围的老总、经理感觉很羡慕，想着自己要是也能这样就好了。工作了一段时间后，发现自己在公司无足轻重，可有可无，心里就盘算着："算了，在这儿是没什么发展了，还是撤吧。"才工作没多久就离开了，然后频繁地换公司、跳槽。这其实是年轻人职场中最忌讳的一点。原因也在于年轻人对于自己的未来没有信心、没有把握，心中茫然不知所措，很容易浮躁。其实年轻人需要注意的是，一个刚离开学校走向职场的人对于公司的贡献是很少的，而公司不像学校，学校有责任照顾每位学生，公司则完全为自身的利益考虑，那些公司的领导者哪位不是为公司的发展做出了巨大的贡献，否则如何能让员工听从他们的调度呢？只有发挥自己的能力，为公司做出了一定的贡献才能得到公司的看重。与其浪费时间频繁跳槽，不如先想清楚自己适合从事什么工作，然后努力进入这个行业静下心来好好学习、工作。

　　浮躁的人总是希望把自己手上的事迅速完成，结果在做的时候考虑不周，丢三落四，最后事情是完成了，但是往往不尽如人意。浮躁的人根本没办法集中自己的精力，总是分神去想别的事情，这样自然是不能把手上的事情做好，其实只要沉下心来，事情自然做起来就会很有效率。很多人都有这样的感觉，在一天中快要下班时心情最浮躁，心里只想着要下班了，工作完全没有心思做。

　　心浮气躁的人往往为了一点不顺心的小事而大动肝火，乱发脾气，最后事情没有解决，反而伤人伤己，更加值得注意的是，这还会使人的身体受到损害，怒伤肝，这是中国传统医学的结论。现代科学也从病理上发现生气会产生很多对身体有害的化学物质。

　　浮躁是一种病态的心理，这也是个人失去生活重心所致，现在人们的问候语中"你换工作了吗"和以前"你吃饭了吗"一样那么平常，工作不顺心就跳槽，社会上这样的人越来越多，被戏称为"闪跳族"。闪跳族们在求职、失业、求职中反反复复，最后越来越茫然，变得没有追求。

　　浮躁造成的危害还有很多，把它看成一个恶疾尽力摒弃它吧。人们做事最重要的就是平心静气，碰到一点不顺心的就心浮气躁是要不得的，踏实地工作学习，努力做好自己，财运的改变也许就会在你认识并改变自己浮躁心理的那天降临。

第十章

物品整理

东西越少，利用率越高

　　物品的整理是要将每一件物品的用途最大化，整理出来多余的物品就应该放弃。东西越少，你可以使用的就越多，利用率就会提高，就好比你只有一支心爱的笔，你经常用它，也会很珍惜这样的"唯一"。杂乱无章的物品会影响人的心情、工作的效率还有生活中的情绪，整理物品也和整理心情一样，遇事做到处变不惊，去寻找到出现混乱的根源，就能很好地解决、消除混乱，从而提高效率。任何整理都应该从桌面开始或者是从身边一切小事开始，它们是反映自身行为的一面镜子。整理也是有方法可言的，要想提高效率就应该遵循三分之一法则，留有余地也是做人、生财之道。整理，就要学会放弃，有舍才有得。放弃了毫无幸福感的东西才能得到更多的幸福感；放弃了有害健康的物品才能得到健康；放弃了没用的附属品才能得到物品真正的价值……不管在何时何地，找一点空闲整理自己，整理书包，整理行李，整理好自己的心情，给自己的心留下三分之一的空间。那时，所有人都有机会改变财运。

1

整理凌乱的物品提高你的工作效率

如果某人的办公桌上，文件、纸笔、书籍资料等堆得乱七八糟，不堪入目，这样的人，往往是一个工作效率低的人。

因为，工作效率的高低是与物品的整洁程度成正比的，桌面越整洁，工作效率就越高。为了不让桌面上凌乱的物品影响到工作效率，学会整理物品是高效工作的必备能力。

整理方面能够达到的最佳状态就是"随时要，随时拿，随时用"。整理好办公桌上物品的秩序其实就是整理好工作的秩序，一切有序进行才能提升工作效率。一个人能保持好整理的秩序，才算是一个有效率的工作者。

不及时整理，带来的就是时间资源的浪费。利兹·达本波特写过一本书叫《致办公桌总是乱七八糟的你》，这本书曾经获得畅销书排行榜的第一名。书里面写的都是生活中常见的事情，有这样一段内容：有一个银行经理，每天平均会收到 200 种信息，计算一下，他一年大约花了 150 个小时在找自己需要的信息。按照一天工作 8 小时来计算，150÷8=18.75，就是说，一年时间里有 19 天都在找东西。这个数字对于一个事事都讲究效率的商务精英来讲，是不能够接受的。

当你了解了1分钟整理术后，就会发现，被浪费掉的时间资源可以节约下来，供你对其进行自由支配。而对物品进行整理，首先要掌握物品整理方法中的要点。

（1）办公桌上只放常用的东西

一般纸、笔、订书机、便利贴等都是办公常用的东西，如果每次都将用完的纸、笔、订书机都放到抽屉里去，虽然能保持桌面的干净整洁，但却在拿进拿出之下浪费了时间。把笔统一放在桌上的笔筒里，需要时拿着方便，而且也不会占空间；把纸全部放在一个文件夹里归置，需要时只需随手拿起；订书机最好放在手边的角落，还有便利贴可以和订书机放一起。

那些不常用的物品，诸如胶带、修正液、小刀等，就可以放进抽屉里，等需要时再拿出来用，这样既可以节省桌面空间，也不容易弄丢。

（2）把物品分类放在桌面的固定位置

东西太杂太乱就需要进行归类，固定位置放固定物品，久而久之就会形成习惯，好的工作习惯也能够提高工作效率。每一次用完的东西都应该放回原处，不能随手乱放，这样桌面就可以一直保持井然有序的状态。

一般来说，记事本和水笔等用来写字的工具应该集中在桌面的右方（左撇子则为左方）。用立式笔筒来放笔，这样不容易弄丢，而且也不占地方。

（3）放在抽屉里的东西也要井然有序

有的办公桌有抽屉可以用来放一些缓存文件，但是办公桌的抽屉放东西不能太过随意，不然会导致东西混乱或者丢失。因此，往办公桌抽屉里放物品时也要分好区域。将抽屉分区，最重要的文件放最底层，随时需要的物品放外面。虽说有文件夹装文件或者还有双层托盘可以放文件，但是个人习惯和喜好不同，有很多人都喜欢把文件放右手边抽屉里进行保管。

　　有的办公桌自带了三层抽屉，最下面一层抽屉一般用来放已经处理好的、需要保存的文件，中间的那一层可以放正在办理的或者重要文件，最上面的一层抽屉放一些笔芯、图章等不常用的东西。而且抽屉里放的文件要固定好，这样拿取就方便。

　　将凌乱的物品进行整理，是工作结束后的必要工作，不然第二天上班时看见桌面乱七八糟的样子不仅影响工作心情，也会影响自己工作的效率。善于整理的人不仅能节省很多的时间资源，一旦养成了良好的习惯就会有事半功倍的效果。而且，仅仅需要 1 分钟，就能够让你拥有 10 分钟的效率，只要你专注于此，你还会获得更多的捷径和秘诀。

2

找出混乱原因，消除负面情绪

比利是一家新上市公司的业务部门经理，他在相关领域有非常出色的成绩。但是，唯一美中不足的是，他的办公室永远是凌乱不堪的，对于这一点他自己也很头疼，每每在他要腾出办公室给员工开会时，都会担心自己形象被毁，因此常常产生一些负面情绪。

比利作为部门经理，做任何事情都是亲力亲为，同时，他也很关心自己的下属。一次开会时，他发现下属玛丽病了，他停下所讲的内容，花了5分钟时间来告诉玛丽感冒时要注意什么，还建议她去买药。接着，他忽然想起自己上次买的感冒药没吃完放在办公室里。于是，他开始在自己办公室里找感冒药给玛丽，比利翻箱倒柜找了老半天，东西翻得到处都是也没有找到那瓶感冒药，最后还是在同事的提醒下，继续将会议进行下去。可是，会议中，比利显示出了一股懊恼的情绪，他对于自己办公室这种凌乱不堪的状况很不满意，而造成这种混乱局面的原因就是他平时疏于整理自己的物品，慢慢地积少成多。

有心理学家研究发现，某一类长期不整理自己物品的人，容易患上焦虑症。他们习惯将物品随处一扔，性子比较急躁，在找不到东西时容易出现焦虑、烦躁的情绪。

　　玛丽看上司想帮自己找感冒药，结果还害得他在那边懊恼不已，心里也挺过意不去。于是主动走到比利的面前，对他说："比利，帮我一个忙吧，我们一起把你这乱得不成样的办公室整理一下，就一定能够找那该死的感冒药。"比利看着自己如此混乱的办公室，竟不好意思了。面对玛丽的宽容，比利很过意不去地说："玛丽，谢谢你，我知道你想帮我走出不愉快的心情，我知道了，我要解决自己的糟糕状态就必须从它做起。"比利指了指自己的办公室。说完，比利就把自己关进了办公室，过了很长一段时间，办公室的门打开了，比利气喘吁吁地站在门口向大家大声地宣布："整理完毕，大功告成！原来整理完那些东西之后真的可以让人心情变晴朗呢！"同事们都争相跑过来看经理一下午的成果，当看到这间办公室由原来混乱的"垃圾场"变成现在一尘不染的样子，所有人都不由自主地发出了惊叹声。比利把自己办公桌上原来堆积的文件全部归类放在了两个文件夹里，同时还在文件夹正面标上记号方便区分：一个上面写着"完成的文件"，另一个上面写着"进行中的文件"。桌面上原本纸笔乱放，现在全部归集到了一个圆形笔筒里放在桌子的右上角，原本被侵占得满满当当的桌子，一下子变得干净整洁了。

　　桌面上除了电脑和电话，两本文件夹和一个笔筒以外就没有了多余的东西。同事们都奇怪，平时桌上堆放着那么多东西都到哪去了呢？接下来，比利打开了桌子下面的抽屉，为大家揭开了谜底。抽屉里面整齐地放着便利贴、记事本、透明胶、小刀等一些小工具，还有比利的手机和家里的钥匙也平稳地躺在抽屉里面。

比利说："原本我对于自己混乱的状态感到很无助，我相信你们也都看在眼里。正是今天，玛丽的话提醒了我，我才找到一直困扰自己的原因。平时的我从没想过一个简单的物品整理却能够给我带来这么大的启发，安抚我糟糕的情绪。开始时我一直都认为整理自己办公桌上的物品纯属于浪费时间，浪费了时间就等于浪费了金钱，我由此变得懒惰，不愿意去整理，到后来就形成习惯，习惯性地认为"我不应该去整理"。可是，让我没有想到的是，在整理混乱的物品时，也是整理了自己思绪还有自己的心情，办公桌上的东西多并不代表都对你有用，看着整洁的桌面却能够让人眼前一亮，心里舒坦。最后，玛丽你看，感冒药我找到了……"比利得意地扬起自己手中的感冒药向玛丽扔过去。

就像比利说的那样，桌上物品多了并不是件好事。不但占空间还阻碍你寻找自己要的东西。很多人没有意识到自己的东西正在不知不觉间堆积成山，相反，拥有的东西多了还可能不会去珍惜、爱惜，随手到处乱扔。整理过后东西少了，基本的几样却是不可或缺的，这才能显示出物品的重要性，才足以引起主人的重视和重用。有一位作家曾经开着一辆吉普车走遍美国，把自己一路上的经历和感悟都写进了一本叫《简单需求，丰富生活》的书中。而且作者在旅程结束后向广大的读者朋友们宣誓自己要简单生活，她把自己很多的家具，厨具全部卖掉或者捐掉，用她自己的话说，"即使只有简单的物品也可以过很富有的生活"。她现在十分满意自己简单的生活状态。

如果有 10 个杯子和 1 个有 10 种用途的杯子让你选，你会选择哪个？是的，大家都知道 1 个有 10 种用途的杯子远远比 10 个杯子更有利用价值。

　　东西不在于多，而在于有没有用。学习和整理其实就是一个道理，把自己学习的大脑比作存放东西的桌子，太多杂乱的东西放在脑中并不能提高自己的学习效率，反而东西少，却经常用到，就像运用越多的知识点就越加牢固。

　　事情都具有相通性，手边的物品太多有时候反而是种累赘，而东西少就要尽可能地提高利用价值。所以，要学会整理，清除混乱局面，找回平衡状态。

3
桌面也是面镜子，反射出人的行为模式

很多人都会为整理物品发愁，因为堆积了太多的东西，要想整理还真不知要如何下手。有人说从阁楼开始，由上而下；也有人说从地板开始，由下而上。但我建议你，整理要从桌面开始。因为一天中和你在一起时间最长，使用最多的东西就是桌子。办公忙碌，各种各样东西都会往桌子上放，桌面就是一面能够看出你行为模式的镜子。学会整理物品的第一步就要从整理桌面开始。

当你的办公桌上横七竖八地堆满了杂乱无章的物品时，你根本就没办法直接进入到工作状态中。

有心理学家研究证明，人的精神注意力受周边环境的影响容易被分散，无法集中。而在工作中，办公环境的好坏是影响工作效率的一个重要因素，杂乱的办公环境容易让人产生烦躁、厌烦的情绪。在工作之前必须先整理桌面。

整理桌面的第一步就是清空。只有把桌面先清空了之后才能知道最需要的东西是什么。通过整理桌面可以训练自身对于"需要"和"不需要"的判断力。很多人往往都不清楚自己真正需要或者真正想要的是什么，那么，先将桌面所有的东西用三个大盒子装，分为三大类："需要""不需要"和"不知道"。分好了装进盒子里，如果"不需要"盒子里的东西最多，说明其实你已经很清楚知道哪些是该扔掉的东西，一直放在桌上只是因为懒得扔或者忘记扔。那么，现在就可以扔掉那些不需要的东西了。

被清空的桌面让空间变得空旷和清爽，也会让你的心情变愉快，为了保持每天的美好心情，整理桌面是很必要的。

如果一个人总是被堆满的物品包围，会产生窒息的感觉。在桌面清空了后，就可以把需要的东西放上去了。因为桌面的作用就是供人存放东西的，它不只是个摆设，所以，当你放置这些"需要"的物品时，仍然要想一想：这些都是需要的东西吗？如果存在否定或者疑问，就说明，你开始认为需要的东西、重要的东西实际上并不是很需要，或者说可要可不要。这说明，你在选择的时候又犯了某种认识错误，你对于"需要"和"不需要"的认识存在问题。

员工小米的桌面有好多天没有整理了，东西乱七八糟地堆成了一座小山。公司下通知要例行检查，小米这才对他的桌面重视起来，整理得差不多时，小米发现桌面角落里摆着一张镶框画，那是他很早以前特别喜欢的一幅画，是他特意从旅游区大老远带回家的，几经周折后才放在了办公桌上，为的是每天都能欣赏到美丽的风景。可是，经过这么长时间，它已经慢慢淡出了小米的视线，也不再受到青睐，被无情地遗忘在角落。现在翻出来，它已蒙上了薄薄的一层灰，小米回忆起那时迷恋的感觉，对它恋恋不舍。所以，小米依然继续把它放在办公桌上，由于工作量增加，文件资料多了很多，桌面被画占了很大一块空间，现在已经没有足够空间放那些多出来的文件资料了。因为这幅画，小米在工作中出现了很多问题：画没有固定，容易往下滑，好几次差点打翻了装水的杯子，弄得小米措手不及……最后，小米发现，这幅画不是她需要的东西，不应该留在办公桌上。下班后，小米毅然把画带回了家。

整理桌面也是一种能让自己正确认识"需要"和"不需要"的方法。即使刚开始你会认为这是一件需要的东西，但是，一旦放在了桌面上就可以确定它是不是真的是必需的。

不管是整理物品还是心情，都可以培养自己明确分辨"需要""不需要"的判断力，养成每天放弃一件不需要的东西，这样的习惯会让你从生活的烦琐事物中轻松找到解决方法。

大脑对于每天重复的一件事情会有很深刻的记忆，然后形成习惯。可是形成习惯是一个漫长的过程，而且，在这个过程中哪怕你就偷懒一次，习惯就会被摧毁，一切就变回原样了。

就像练琴一样，只要你一天没练琴就需要之后每天都增加任务量才能够回到原有的水平。所以，要每天都坚持放弃一件不需要的东西，学会养成不堆积物品的好习惯。

当然，每天都要放弃一件东西也会带来一些附加效果：就是每一次放弃某件物品时都需要思量再三，认真考虑这件东西是不是已经"不需要"了。认真地对待，才能学会珍惜。不管是物品还是人。你认真地对待属于自己的每一件东西，就会感觉到它们的可贵，并且珍惜这一份可贵，有了那一份珍惜就不会去盲目追求那些不需要的东西了。

可是，并不是所有的人都有时间去整理，有些人每天忙得晕头转向，根本没有时间和精力去选择要放弃哪一件东西，即使有心思要去整理，也是心有余而力不足。

张凯是一家公司的业务员，每天都要在外面跑业务，工作很忙。他随身携带的背包里装的都是客户资料和公司产品的目录和介绍，时间久了，背包已经超负荷了，东西太多以至于他自己都想不起来包里到底放了什么东西。

有一次，和客户谈工作时，需要用本子记录，他在包里翻了很久就是找不到本子，弄得处境很窘迫。张凯的上司看得出来他工作很努力，可是因为没有一个正确的方法，他的业绩总是上不去。张凯的上司找他谈话，在讲到需要注意某些问题时，张凯下意识地想在自己公文包里拿纸笔，可是，同样的情况又发生了，在包里一通好找，就是找不到，气氛也变得尴尬了。

看到这样的情况，上司发现了张凯问题的症结所在，为了不伤害到张凯敏感的自尊心，上司很和善地对他说："年轻人经常会出现这样的突发情况，但是，你在事情发生了之后就必须找到解决问题的方法。我给你一个建议，你的包需要进行整理。在每天上班的途中或者休息时，只要有空就翻翻自己的包，找出没用的东西扔掉，这样你会发现自己的生活会轻松很多。"

张凯听从了上司的建议，开始整理背包，里面有一个早上喝完没有扔的牛奶盒、断掉的铅笔、用完的面巾纸包装、口香糖、空烟盒、发票、撕下来的纸张、弄坏了的产品目录本还有客户文件资料等，杂乱的东西非常多。整理完，扔掉不要的东西之后，小张的包明显轻便了。他发现，现在需要找的东西一下子就能找到了，通过整理背包，让他做事效率提高了很多。有很多客户都很欣赏他办事的效率，和他签订了合同，这样，他的业绩一下子就上去了。

上司建议张凯整理背包，是因为每个人的情况都不一样，整理时要因人而异。包里放的东西代表了个人的生活方式，如果你的身份和工作让你没有时间从整理桌面开始，那就从整理身边最近的东西——包开始吧，因为经常使用的包也可以看作是一个人的身份象征。

不论是整理包还是整理自己的桌面，一旦整理之后工作和生活就会变得更加高效，所以，一个干净整洁的桌面可从某种程度上反映这个人干净利索、办事效率高。

4

有效提升效率的三分之一法则

　　三分之一法则指的是凡事要留有余地。当你书柜里塞满了书，虽然整齐却不利于拿取，甚至有新书都没地方放；当你抽屉里被东西占满了，找东西时还要把所有东西搬出来才能找到，这样的做法一点都不科学，没有效率，而且容易让人变得烦躁。要想有效地提高效率，防止这类情况出现，办法就是遵循"三分之一法则"。将书架、抽屉、衣柜和书桌等所有空间都空出来三分之一的地方，不仅不会显得拥挤，空间富余也更方便东西的拿放。对于学习而言，也需要运用三分之一法则，人不可能将一天所有的时间都用来学习，需要留出时间来放松一下，做一些缓解压力，娱乐身心的事情；人的大脑也不可能只是储存书本上的知识而忽略掉生活中的常识，那样只会变成书呆子，得不偿失。

　　三分之一法则简单来说，就好像一个书桌带有三个抽屉，如果每个抽屉都被塞满了，你有新东西要放时，你能放得进去吗？或者你要从其中一个抽屉里拿一份文件，可是却在最里面的最底层压着，你能轻易把它拿出来吗？但是，如果你其中一个抽屉是空出来的，那空出来的空间可以当成临时中转站，可以放一些来不及整理的东西。这也是效率高的人与效率低的人之间最大的差别。高效人士之所以效率高，就是因为他们拥有一个可以周转的空间，当有急事处理时可以做到处变不惊，处之泰然；而效率低的人就是没有给自己留下余地去承载可能出现的突发情况，一旦遇到事情就乱了阵脚。要从原先混乱的情况中摆脱出来就需要耗费很大的气力，更何况再去解决新出现的问题，时间上已经远远落后了一大截。

第三个抽屉充当周转空间，临时放在里面的东西可以有时间时来整理，它可以分担另外两个抽屉的东西，拿取时就可以方便很多。也就不容易对整理产生厌烦的情绪，同时也能慢慢养成整理的好习惯。当然，一定要注意，及时进行整理，要保证那三分之一的空间一直存在。

提高效率就是要留出必要的空间，在整理物品中需要遵循这样的原则，在工作中更需要留有余地，这样才能保证工作正常运行，还能提高自身的工作效率，甚至改变自己的财运。

作为商人，在商场上作战，办公桌就是自己领兵作战的后方基地。如果自己办公桌杂乱不堪，面对四面八方的压力，在后方基地还得不到放松，感觉永远都有做不完的工作，只会让自己更加烦躁，这样的情况还能够打胜仗吗？

其实很多时候，让人感到压力大的往往不是繁重的工作量，而是在工作中没有找到正确的方法，没有好的工作秩序。办公桌的杂乱分散了自己的注意力，加重了工作量的同时也影响到自己工作的兴致。所以，工作中也要依循三分之一法则。

德萨尔是一个有名的心理医生，他在芝加哥开了一家诊所。那一天医生接待了一位病人，他叫罗兰·威廉姆斯——芝加哥西北铁路公司的前任

CEO。他第一次去德萨尔公司时，给人感觉是快要崩溃了，一脸焦虑、茫然的样子。

威廉姆斯告诉医生，他的办公室里放着三张大办公桌，每张桌子上都堆满了各种文件，他每天投入所有精力去工作，处理文件，但是仍感觉那些文件一件都没有减少过，反而工作越来越多，似乎永远都做不完。这样的情况持续了很长时间，导致他长时间失眠，完全受不了，简直快要崩溃。

德萨尔医生听完他的叙述后，便向威廉姆斯提出一个建议。威廉姆斯在听取医生的建议后回到办公室做的第一件事就是整理。他把三张大桌子的其中一张清空，充当文件中转站，这张清空的桌子就专门放已经批阅的文件。而且，他还做到了今天的事情必须今天解决，绝不拖到明天。之后，他的工作效率大大提高，桌子上不再有堆积如山的文件，压力也渐渐消失了，身体状况也得到了恢复，每天都神清气爽。

事后，威廉姆斯颇有感触地说："德萨尔医生教我的三分之一法则真的很有效果，对于办公桌上一直都堆积很多工作的人来说，把桌子整理好，腾出一个周转空间，只放今天需要完成工作的物品真的是一个提高效率的好方法，而且事情简单又容易执行。整理好办公桌可以让你的工作井然有序，不容易出现差错。效率提高了，就会发现心情也会跟着变好。财运就会慢慢到来。"

人的内心也是一样。不管你有多苦、多忙、多累，抽出一点时间把自己的心腾空，整理好自己的心情，就像整理办公桌一样，坚持下去自然会发现，它足以让你的生活、工作、学习变得井井有条，让生活充满乐趣。

5

需要放弃的 5 种物品

整理物品时，判断一件物品是否被需要是由个人的性格、兴趣爱好、环境和处境等因素决定的。物品不在于多，而在于需要和利用，东西越少，有时候利用率更高。所以，整理物品就是要适当地放弃某些"不需要"的物品。如何判断物品是否被需要也是按照一定的原则进行的。总结下来，有 5 种物品，是必须要放弃的，不管是谁，不管有什么原因都一样。

（1）无幸福感的物品

在生活中，需要的物品都应该是能给生活带来好处，让生活更加方便、快捷，同时也应该给人带来幸福感的物品。

比如，吃好吃的东西可以让你享受美味，它给味蕾带来满足感，给肚子带来温饱感，给你自己带来幸福感；存了很久的钱终于可以买一台自己相中的笔记本电脑，当你在使用时，就会很有成就感，会为自己感到骄傲；穿上自己喜欢的衣服、买自己喜欢的东西，这些物品都能让人感觉到幸福感。除了这些，当然还有许许多多其他足以带来幸福感的物品。但是，同时也有很多缺乏幸福感的事物。比如，因为工作原因不得不穿上的很丑的外套，别人送的你不喜欢且不实用还占地方的装饰品，不美观却容易弄脏的地毯，还有弄坏了的东西等，这些看着、用着都没有好心情的东西，还要占用空间，浪费金钱，对于自己根本没有任何幸福感可言，是应该且必须直接扔掉的。

范云是一个高跟鞋控，她家里有一个很大的鞋柜专门用来放她的高跟鞋。有一次，她整理鞋柜时发现有一双鞋子因为放了太久，受潮后鞋面起霉点了。她原本的好心情一下子烟消云散，看着手里的鞋子很心痛，一直想着这件事情闷闷不乐。范云妈妈看着女儿一直盯着那双发霉的鞋子伤心难过，就对她说：“扔了吧，它没有带给你幸福感，反而害你这么难过，扔掉它然后再买一双自己喜欢的鞋子替代它就好了。”范云妈妈还叮嘱女儿：“以后一定要多花点时间来整理东西，东西太多了也未必是件好事，少了才会念念不忘，更加懂得珍惜。”范云扔掉了坏鞋子，买了双新鞋子，心情立马就变好了。

（2）可以被替代的东西

现在是物质丰富的社会，很多物品的性能、用途都差不多，许多都是派生品。很多人的家里在不知不觉中就会有一些用途一样，只是款式、颜色或者品牌不一样的物品。这些派生品，虽然有区别，但是本质上的作用还是一样的。

如果你是一个收藏爱好者，你可以收藏各类形状、颜色、质地不同的同一类物品以满足自己的收藏欲望。若不是一个收藏家，在平凡普通的生活中根本用不着将同一类物品各种款式都一一买回家，如果真这样，再大的空间也放不下一直膨胀的同类物品。而且，生活中根本用不上那么多同类物品。吃饭一个碗足够，喝水一个杯子就行。一旦你的选择太多，超过了三个，你就一定会在选择哪个的问题上纠结不已，而且，一般人们选择的、伸手去拿的一定是自己最喜欢或者最好用的那一件东西，其他多余的放在那里，没有用途，浪费钱还占地方，实在没必要。

所以，那些用途一样的物品只要超过三个的多余的部分必须全部丢掉。这样，你才能一心一意地对仅有的东西更加珍惜、爱护。

（3）对身体有害的物品

其实，我们生活中总会有一些东西影响到自己的身体健康，有时候只是自己没有注意或者不去在意而已。在家里随便找找一定可以找到。如穿在脚上会磨脚的鞋子、音质坏了的音响、坏了的饮水机、无法御寒的大衣等，这些物品都会损害人的身体健康，所以，一旦被找出，立刻扔掉。

（4）没有价值的附加物品

现在的物品开发模式是在最原始的物品原形上开发出新的物品，比如通过增加各式形状，改变颜色，改善功能等来让物品进行升值。这样的物品有附加物所以都有附加价值。例如带盖的或可以脚踏的垃圾桶，盖子还有脚踏的板子就是附加物，拥有附加价值。把杯子的把柄设计成多种样式，把原本的座椅改成折叠椅，这些都是增加物品的附加值。

但是，有的物品附加物根本就没有价值，是多余的。用时不仅给人造成不便，而且还占用空间。这样没有价值的附加物品，就应该丢掉。

小蔡买了一个鞋架回家，鞋架外表很美观，可是作用却不大，因为架子上下层空间太小只能放比较小的鞋子，厚一点的运动鞋根本放不进去，用起来很不方便，拿鞋子时还经常卡着。刚开始小蔡还能忍受，后来就干脆不用鞋架直接把鞋放在门外。一段日子过后，小蔡发现鞋架上落了厚厚的一层灰，放在走道里不仅没什么用处还占地方，每次进出门时都要注意避免被磕碰到。最后，小蔡是决定扔掉这个鞋架，此后，小蔡再也不需要小心翼翼地通过门廊了。

事实上，不好用的东西放多久都不会变成好用的，最后就会被遗弃在某个地方。没有价值的附加物品使物品体积更大，占地方且不好收拾，放在一个地方也容易落灰。所以，只有坏处，带不来好处的东西应该赶紧解决掉，还自己一个简单方便、健康温馨的生活。

（5）对自己学习或工作不利的物品

都说"玩物丧志"，这个"物"就是会阻碍你学习或工作的东西。每个人都希望自己能够不断进步，所以，要想"天天向上"就要把那些对学习和工作起到阻碍作用的东西义无反顾地统统丢掉。

有一位毕业没多久，读建筑学的同学，他给自己制定了一个目标：当上建筑师。他的第一步就是要考取"建筑师资格证"。离资格证考试的时间越来越近了，可是学习中他遇到了一个最大的敌人——游戏机。虽然他心里明白，现在是非常时期，应该把所有的精力和时间都放到学习上去，但是每每一回到家里，他就习惯性地拿起了心爱的游戏机。这个坏习惯让他根本没办法把心思放在学习上。随着时间的慢慢流逝，他感到压力越来越大，他下定决心把游戏机放进储物室的一个封闭箱里。经过一个月的刻苦努力，最终他顺利地通过了考试，拿到了资格证书，向自己的目标更进了一步。

在生活中确实有这样的一些东西，有时候可以成为我们生活中的调味品或者精神慰藉，能够给生活带来乐趣。可是，一旦依恋、依赖上，离不开了，就会影响正常的生活，这样的东西就变成了危险品。娱乐不能过度。一旦超出了自己的控制范围，变成了它们的奴隶，丢失了自我那就得不偿失了。所以人更应该向着美好的追求前进，万万不能让一时的奢享，阻碍了自己向上的道路。如果你实在很喜欢这件物品，也可以先把它珍藏起来，远离它，直到你能正确地对待它。

第十一章

工作整理

给你的工作事项排出优先顺序

许多人在工作中都会遇到一些烦心事，如工作太多，需要处理的事情太繁杂，每天从早忙到晚，可是一件像样的事情都没有完成，脑中一片混乱。

每天忙忙碌碌，却不知道自己在做些什么，等老板检查工作时才发现很多事情都没有做。

每天一觉醒来就觉得很烦躁，昨天的工作没有完成，今天又将有一大堆的事情要处理。

虽然有工作计划却受各种事务影响，不能按计划行事。

这是很多人的困扰，可他们却不曾想过为什么自己会被这些问题环绕，为什么其他人可以那样悠然自得。

这往往是因为他们不懂得将自己的工作排个顺序，不懂得先把重要的工作做完。在工作中，需要处理的事情太多，太繁杂，如果只是一头扎进去，一件件地处理，只会让人头昏脑涨、身心俱疲，而且效率极低。相反，如果将工作分清轻重缓急、明确重点、合理安排顺序，恰当地分配精力和时间，那将会获得事半功倍的效果。

1
确立工作目标，排除干扰

想要把自己的工作安排得秩序井然，首先需要确立自己的工作目标。只有确立了自己的工作目标，知道要往哪里走，才不会无所适从。无论是工作、学习还是生活都需要一个目标，这样才足以把握住身边的机会，灵活处理意外发生的事情。

目标的作用是不言而喻的。有了目标才会有方向，并使人坚持下去。简而言之，目标大概有以下几个作用。

首先，目标可让人的心态更加积极。目标可以使人产生方向感，也是对自己的一种督促。而且可以让人更清晰地认识自己的工作，对自己以后的工作有个大致的了解，方便人们制定自己的工作计划。同时，在目标的实现过程中，可以让自己体验到成就感、自豪感，感受到生命的意义、工作的价值，从而提高对工作的热情，增强自信心。这样，心态就会变得更加积极，让人不断地自我完善。

其次，目标有利于工作重点的把握。没有目标的工作就会显得混乱，看不到各项工作之间的联系，而被陷入琐事之中。有了工作目标之后，可以让人更容易把握工作的重点，指导自己的工作。看到各项事物之间的联系，便于对工作做出合理的安排。而且，可以转移人的注意力，将目光由工作过程转移到结果上去。

再次，目标可以让人重视现在，看到未来。人生重要的不是幻想未来，而是把握现在。没有工作重点，很容易让人忽视此时此刻的工作，沉浸在对未来的幻想之中。而有了目标之后，便可让人看到自己工作的组成，有利于把握现在，将精力花在此时此刻的工作上，而不是沉浸在对未来的幻想中。同时，有了目标，也可以让人看到未来，从而激励人们为了美好的未来而前进。

最后，目标有助于工作的评估。在日常工作中，没有目标，很难看出工作的效果，也不易于察觉工作中的失误。有了目标之后，就可以让工作变得具体，也让工作有了标准，这样就可以随时对工作的效果进行评估，对于工作中的失误也更易于觉察，从而不断地进行改正与完善。

当然，目标的种类有很多。有长期目标，或者叫终极目标，如人生目标；也有中期目标，如五年计划、一年计划；还有短期目标，如月目标、周目标；甚至微型目标，如今日目标、某件事的目标等。但不论什么目标，都能激励人们行动。而对于目标的整理，还要把握以下几个原则。

第一，具体明确。只有一个具体明确的目标才能促使人去实现，而模糊的目标只能是空想。《富豪的心理》中有这样一句话："通过对富豪的研究，我发现，所有的富豪有一个共同的特点，他们都有一个具体而又明确的目标，具体到自己所要赚的钱的数量以及实现目标的时间表。"

第二，合理可行。不合理的目标不可能实现，不可行的目标无法实施。所谓的合理可行就是要符合社会趋势、个人特点，要准确地评估自己的能力，认清现实环境以及目标实施的环境。

第三，少而精。目标过多，精力会被分散，这样就不易于实现。美国著名投资家巴菲特在他很小的时候就为自己制订了两条原则：（1）目标的设立必须经过严谨的思考与计算；（2）设定目标之后，不能轻言放弃。

第四，目标要有一定的挑战性。没有挑战性，人们就不会积极地去实现。

明确了工作目标后，就要锁定这个目标，并简化目标，确保每次工作都将全部的精力集中在这一个目标里面，而不是一心二用。

然而，在目标的实施过程中总会遇到各种不同的干扰。虽然这些干扰是不可避免的，但是在工作中还是要尽量减少干扰，为目标的实现扫清障碍。

首先，减少上司的干扰。

这种干扰一般是不好处理的，因为不能直接拒绝上司要求的额外工作，只能委婉地表达，且不让上司误会自己。这时，可采用以下方法。

（1）和上司一起制作自己的工作安排，让上司明白自己的工作安排和工作计划。这样，上司也不好打乱自己参与制定的安排、计划，更利于自己拒绝上司的额外要求。

（2）积极了解上司的额外要求，把握规律，然后将这些事情安排到自己工作计划中，以免因上司的额外要求而临时改变计划。

（3）与上司同进退。参照上司的工作计划来制定自己的计划，与上司同进退，这样就可以有效避免上司对自己的干扰。不过，这种方法并不是任何人都适合的，只是适合于特定的职员，比如文秘。

（4）留出空隙。对自己的计划不要安排太满，留有一定的空余时间，以便于运转。把工作时间安排得太满，对于临时事件的处理非常不方便。而如果留有一定的空余时间，那么处理上司的额外要求也就不会打乱自己的工作计划了。

其次，减少下级的干扰。

一项工作的完成是需要很多人配合的，而上下级的配合对工作的完成有很大的影响。上级的工作是发布指令，下级的工作是接受并实施该指令，但是如果上级指令表述不清楚，或者下级对指令理解不够，下级在工作时就会反复打搅上级的工作。那么，作为上级该如何避免呢？

（1）将命令表述清楚，不要含糊其辞，也不要让下级去领悟或等待下级来咨询，而是当场把事情交代清楚，表明意图。而且，当上级发布命令之后，不急着让下级去实施，耐心地问下级是否有不清楚的地方，并一一解答下级的疑问。这样，在自己工作时就可以减少下级对自己的干扰。

（2）鼓励下级使用备忘录提问，让下级将不懂的问题写下来，然后由自己解答，这样就避免了因为谈话而造成的时间浪费。

（3）专心于自己的工作，避免在公司里来回走动，并且制定计划时留出一定的时间来解答下级的问题，最好这个时间是固定的，这样就可以避免下级随时来汇报问题。

（4）赋予下级足够的权力、责任，让下级放手去干，这样可避免因为权力不足，反复请示而导致自己工作受干扰。

明确自己的目标，减少了各方面带来的干扰，那么工作起来就会有条不紊，而不会显得焦头烂额。

2

每天给自己的工作排出优先顺序

工作是生活中的重要部分，然而，面对繁复的工作，很多人都曾有过茫然、力不从心的感觉，之所以如此是因为人们没有好的方法处理这些事情，面对工作的杂乱无章而毫无头绪。这时，就需要对工作进行整理，为工作排列出一个顺序。

美国美可保健品公司的一位经理拜访美国的成功学家玛尔顿教授，当这位经理走进玛尔顿教授的办公室时，他为教授办公室的干净整洁而感到异常吃惊。

经理问玛尔顿教授："哦，教授，您的办公室太整洁了！但是我有点疑惑，您未处理的文件放在哪呢？"

"哦，不好意思，我的文件都处理完了，没有未处理的。"玛尔顿教授微笑着说。

"您是说，您的工作都做完了吗？"经理吃惊地说道。

"是的，都处理完了。"玛尔顿教授回答道。

"哦，天呐！您是怎么做到的？"经理更加惊奇了。

玛尔顿教授说："其实很简单，我要处理的事情有很多，然而人的精力是有限的，人每次也只能做一件事情，不过，我知道哪些事情是很重要的，需要现在处理的，而另外一些却不用，我仅仅是将我的工作列了一个顺序而已，相信你也可以做到的。"

"哦，谢谢！您能把这么好的方法教给我，真是太感谢您了！"经理说完就回去了。几个星期后，玛尔顿教授被请到了这位经理的办公室，经理指着自己宽敞的办公室说："看，现在我的办公室也跟您的办公室一样了。以前，这里原本到处都是文件，简直就堆成了一座小山，现在好了，用了您教的方法后，情况就完全不同了。看，就像现在一样！再次感谢您，玛尔顿教授！"

事情都有紧急和重要两个维度，根据这两个维度，将事情分出轻重缓急，就可以为工作排出顺序。正是因为给工作排了顺序，这位经理的办公室就显得干净整洁多了，而他自己也变得轻松愉悦。然而，很多人却像这位经理以前一样，只注意了事情的紧急性而忽略了重要性，一头扎在紧急的事情之中出不来，结果忙得头昏脑涨，办公室也因此混乱不堪，而业绩提升却不明显。

著名的管理专家埃维·李曾被伯利恒钢铁公司的总裁查尔斯·苏瓦请去做讲座。那时的苏瓦正为公司员工们工作的低效率而烦恼，于是，他向埃维·李提出了一个极具挑战性的问题："如果您能为我提供一个方法使我和我公司员工的工作效率飞快提升，能在最短的时间内办好很多的事情，那么我将给您支付一笔您提出的任意顾问费。"

埃维·李说："可以，现在就可以。我这套方法可以让你的效率至少提高50%。现在请您拿出一张纸，写下您明天将要做的最重要的几项事务，然后按照重要性和紧急程度来排序。明天早上，你来到办公室后，从你写的最重要的那项事情开始做，等你做完这件事之后，再接着做第二项非常重要的工作，以此类推，一直到下班为止。这时你再回头来看这张纸，看看你完成了几项。即使你用一天的时间仅仅做完了一项事务，那也没有关系，因为那是你认为最重要的事情。如果一天你只能完成这一项事务而不能完成剩下的，那就表明不论你用什么方法，剩下的事情都是做不完的。一直按照这个方法持续下去，以致成为一种习惯。不过，你可以自己先试试，想试多久就试多久。如果有效，你再要求你的属下也这么做。我保证你公司的效率会直线提升，至少提高50%。你用了之后，觉得这个方法值多少钱，你就给我多少钱。"苏瓦试了之后觉得非常有用，于是寄了两万五千美元给埃维·李。五年后，苏瓦的钢铁公司成为一家世界闻名的钢铁公司。

的确，一个好方法是成功的金钥匙。为自己的工作列出一个好的工作顺序，可以节省很多时间，有效地利用时间。也可以为自己省去很多烦恼，使自己的工作井井有条。给工作排出顺序，更是提高工作效率的好方法。

给工作排出优先顺序的方法有很多，可以按照事情的轻重缓急来排序，也可以按照时间来排序，当然也可以按照工作规划来排序……每个人都可以根据自己的需要选择适合自己的方法。

在这些方法中，按事情的轻重缓急排序可以说是一个非常好的方法。不过，在运用这个方法之前，自己应该先搞清楚：哪些事情是紧急的，是现在必须做的；哪些事情不是紧急的，可以推后做的；哪些事情又是重要的；哪一些是不重要的。根据这四种情况又可以排列出四种事情的类型：紧急且重要、紧急但不重要、不紧急但重要、不紧急也不重要。

　　紧急且重要的事情毫无疑问必须首先处理，因为这类事情会给人带来很大的压力，是当务之急的事情，甚至和生活息息相关，只有处理完了这类事情，才可以进行下面的工作。

　　紧急但不重要的事情可以放在第二位。而这类事情很容易和紧急且重要的事情混淆。很多人处理事情时是按照事情的缓急程度来的，而并没有考虑事情重要性的问题。有些人一天到晚忙忙碌碌，却是把时间花在了一些紧急但不重要的事情上面，而那些既紧急又重要的事情却没时间去做。这时候，应该先把事情分类，在紧急的事情中找出重要和不重要的事情，再来排序。

　　不紧急但重要的事情可以稍后处理，这类事情虽然很重要，但是可以往后推排。对于这类事情，人们更要有积极主动性，寻找机会，把事情做好。不然，很容易把它们忽略掉，而在紧急的事情中迷失方向。

　　不紧急也不重要的事情当然是最后做的，在上面所有的事情都做好之后，再回过头来处理这类事情，但一定不能忽略这类事情。

　　为自己的工作排出一个顺序，可以为自己减轻负担，也不至于盲目地忙碌。而想要给自己的工作排出顺序，要有一定的能力。更关键的是，要有长远的眼光，一眼看出事情的关键。要有清晰的头脑，不被繁杂的事情迷惑。更需要倾听，从倾听中了解事情的轻重缓急。

3

花时间制作一张待办事项表

人的精力和时间是有限的，虽然将事情分出轻重缓急、找出重点对于提高工作效率很有效，但是，每个人的工作不一样，仅仅靠这些不一定能够达到很好的效果。

在生活中，常常可以看到两类人。第一类人，看似非常忙碌，每天都是一副风风火火的样子，无论是谁找他们谈话，他们只会拿出两三分钟来，还时不时地看手表，以表示他们很忙，请勿打搅。但是这类人的业绩并不与付出成正比。第二类人却恰恰相反，他们每天看上去都很潇洒、悠闲，似乎没有用心工作，无论有什么难事、工作找他们谈，都是和和气气、彬彬有礼。而且这类人的办公室和他们自身一样整洁干净、有条不紊。更重要的是，这类人的业绩比其他人要好。

为什么会出现这种现象？仔细探究就会发现。第一类人虽然很忙碌，一副天下第一大忙人的样子，他们忙得或许有目的，也有重点，却往往没有顺序、没有计划，做起事来毫无章法可言，常常为一些杂乱的、意外发生的事情所阻碍。而第二类人却不一样，他们做事很有章法，工作安排得很有条理、很有秩序；他们知道什么时间该做什么、不该做什么，那些意外发生的事情也不能打乱他们的顺序。这类人大多有一个共同特点：在他们的身上或者办公室可以发现一本写满字的台历或者待办事项。原来，他们工作出色、效率高的奥秘就在这张表上。

给自己制作一张待办事项表，按照事情的轻重缓急、工作重点以及自己的精力特点等，把自己这一天或者这一星期要做的事情写在这张表上。将最紧急、最重要的事情安排在自己精力最旺盛的时刻，在精力不足时做一些不紧急不重要的事情。每次做完一件事情后在待办事项表的相应位置打上一个叉。而这张表不需要很复杂，简简单单的一张纸，把要做的事情按顺序写好、列出条目，清晰可辨即可。这个表的制作非常简单，只要按照下面的方法来做就行。

（1）不是随便在每天找几分钟或者一周偶尔几次列出清单，而是必须在每天早上或者工作结束时（最好睡觉前）列出清单，因为大脑会在睡眠时潜意识地思考这些事情，这种潜意识的思考对完成这些事情的帮助是很大的。

（2）注意不要今天写三项明天写五项，或者今天写了明天就不写了，要每天坚持写，这其实是在促使人们养成良好的习惯。

（3）不要随便写几件事，不要少写但也不要多写，这些事一定要是最重要的，而且需要认清：哪件事是最重要、最优先要做的。很多人在制作待办事项表的时候把很多事情一股脑地堆进去，结果罗列了一大堆看似有条理但其实完全没有条理的事情。

（4）不必将表上的所有事情都做完，只要能完成一大部分就很不错了，这样对于第二天的安排也有一个大概的了解。

（5）第二天的工作安排要以这个待办事项表里列出来的内容为基础，这一点很重要。

一个待办事项表的执行是非常简单的，有了这个待办事项表，就可以将全天的事情做个大概的规划。而一个好的、实用的待办事项表，还应该具有以下特点。

（1）待办事项表要符合自己的特点。待办事项表一定要自己制作，因为每个人的特点不同，事情的重要性也不同，别人为自己制作的待办事项表只表示他人的观点，想要适合自己，就只能按照自己的特点为自己量身制作，不要觉得麻烦。

（2）表里的事情一定要有时间规定。对于事情的完成期限一定要有明确的规定，不然很难完成。人都是有惰性的，没有时间限制，就会无限地拖下去，等到检查工作时就会发现，一切都晚了。规定的时间可以是一天，也可以是一个星期，甚至可以具体到几时几分，总之，要有时间限制，而且具体一点更好。

（3）表里的事项一定是可以完成的。制作这个表格不是为了好看，而是为了激励自己做事，为了使自己的工作井然有序而不至于手忙脚乱，表格里列的事情一定要是自己能够完成的，而且是在规定时间内可以完成的。如果不能完成的话，很容易打击自己的信心，而使待办事项表失去作用。

（4）目标一定要清楚，价值一定要清晰。如果没有目标，人们就不知道要做到怎样的程度，如果价值不清晰，那么人们就不知道为什么要做，从而丧失动机。而这个目标不能是低于自己能力的，或者是超出自己能力范围的，一定要适当，即通过努力就能够实现。

（5）在精力最好的时候安排最重要的事情。精力最好时效率最高，这个时候做最重要的事情，就更容易完成，也会收到更好的效果。

美国财协的前顾问路易斯·沃科在接受记者采访时说过这样一段话："模糊的目标是致使人不能成功的最终原因。比如说，有一个人，他说他希望有朝一日能够拥有一栋房子，那这就是个模糊的目标，因为'有朝一日'不具体，到底是哪一天呢？'有一栋房子'也不具体，因为没表述清楚这房子是什么样子的，值多少钱。这个人对这些都不清楚，不具体，这当然无法去实现自己的目标，只停留在空想阶段。但是，如果这个人说他的目标是在三年后拥有一栋价值100万美元的房子，而且这个人还考虑了三年内的通货膨胀等因素，计划每月存多少钱，有了这些具体明确的目标，那就可以说，三年后这个人实现自己目标的可能性将是99%。"

只有有了具体的目标才可以看到前进的道路，因为只有具体的目标才能使人们积极行动起来。

有这个待办事项表，就可以激励人们的行动，使事情有条不紊地进行，节省更多时间，提高工作效率。而且，将自己要做的工作列在表上，也是对自己的一种承诺，人无信则不立，既然是自己写下的，那就要信守自己的承诺，这也是历练一个人品质的方法。

当然，对于刚开始应用待办事项表的人来说，制作和实施或许会比较难，但是凡事都有个过程，需要经过反复训练才能成功。习惯的养成要花一定的时间，不要期望一次就能做到圆满，需要一次次尝试，在摸索中前进。

4

找出无序工作的内在原因

　　托尼是德凯营销有限公司的一名经理，在这个领域，他可以说是一个天才。不过，人无完人，托尼有一个特点，就是非常热情，虽然说热情是个优点，可是托尼的热情却有点过分。有一天，在公司门口，托尼看到罗斯脸色不太好，于是就问罗斯怎么回事？罗斯告诉托尼自己感冒了，托尼听后，不厌其烦地告诉罗斯有几种药可以吃，每种药适合什么样的感冒，该怎么服用等，等他说完已经过了快十分钟。而经过简的办公桌时托尼恰巧看到简的文件夹掉到了地上，文件散落一地，于是，托尼又过去帮简捡文件。做完了这些，他才来到自己的办公室，收拾自己的办公桌。本来有个重要的会议，可是因为刚刚发生的那些事情耽误了托尼时间，当他来到会议室的时已经迟到了五分钟。

　　托尼不是一个不懂得工作效率的人，他也为自己设定了很多目标，对每天的工作也有安排，然而，托尼总是会在无意识中给自己制造一些障碍，阻止自己去完成工作。在挨了老板的多次批评之后，托尼进行了深入分析。他发现，就是自己的过度热情导致自己会议迟到、工作无法按照安排完成等。

导致工作无序的原因有很多，人格因素是造成工作无序的主要原因之一。

有些人因为小时候归属感等需求没有得到满足，导致了他们的自卑心理，并且潜意识里渴望得到别人的认可，容易做出讨好别人、异常热情等行为，如故事中的托尼就是这样的。他说小时候伙伴们都嫌他笨，不愿意和他一起玩游戏，可是他又非常渴望和伙伴们一起玩耍，于是想方设法地讨好他们，尽力表现自己的热情，帮伙伴们拿球、买水等。现在也是，他害怕同事不喜欢他，所以每次都表现得非常热情，希望通过自己对同事的热情、关心来打动同事，获得他们的认同。

有些人却是因为喜欢表现自己，这类人喜欢在同事面前表现自己的能力，常常在人们面前大包大揽，拍自己的胸脯说："没问题，这事交给我。"结果别人的事情找来了一大堆做不完，自己工作还没开始。这样，就算自己之前有再详细的安排也是徒劳。

对于因为人格因素造成的工作无法按照安排进行的人，需要意识到自己的问题，可以采用类似心理治疗中的厌恶疗法来控制自己的行为。首先，明确自己要改正的行为，以托尼为例，他要改正的目标行为就是不过分热情，完成自己的工作安排；其次，明确厌恶刺激，托尼可以在自己手上套一根橡皮筋；然后，明白厌恶等级，自己过分热情时就给予自己厌恶刺激，慢慢地这种行为就会纠正过来。

受他人或事情影响是造成工作无法按照计划实施的另一个重要因素。很多人加班到深夜都是可以避免的，但这些人常常被他人的事务或者其他事情所影响。

"只要我在办公室坐下，就会有各种短信、电话等来打扰我的工作。"

"我不能只做一件事情，必须同时做些其他的事情，比如看视频或者听音乐。"

"我对自己的工作也做出了优先顺序，可是要按照这个计划做事并不仅仅取决于我自己，还要得到同事、家人等配合才行！"

本来安排得好好的事情，却因为这些琐事而变得支离破碎。

那么，这时就应该考虑以下这些问题。

（1）做这些事情要花多少时间？

（2）自己有没有时间？会不会打乱自己的安排？

（3）这些事情是否真的像他们说的那样简单？

（4）是否有些人一直都这样，总是喜欢找自己或者别人做这些琐事？

考虑完这些问题之后，就很容易得出答案。

如果确实别人需要帮助，那只能花一点时间去帮忙，但也要分出轻重缓急。如果他人的事情并没有自己的事情紧急，或者他人的事情要花很长的时间去做，那就要向他说清楚理由，让他知道自己无法马上帮他，可以等忙完手头上的事情再去帮别人；如果相反，他人的事情非常紧急，或者时间很短，就可以考虑先帮助他人。